뇌 DNA 양자

뇌 DNA 양자

발행일	2019년 9월 9일

지은이   최완섭, 이영미
펴낸이   손형국
펴낸곳   (주)북랩
편집인   선일영   편집   오경진, 강대건, 최예은, 최승헌, 김경무
디자인   이현수, 김민하, 한수희, 김윤주, 허지혜   제작   박기성, 황동현, 구성우, 장홍석
마케팅   김회란, 박진관, 조하라, 장은별
출판등록   2004. 12. 1(제2012-000051호)
주소   서울시 금천구 가산디지털 1로 168, 우림라이온스밸리 B동 B113, 114호
홈페이지   www.book.co.kr
전화번호   (02)2026-5777   팩스   (02)2026-5747

ISBN   979-11-6299-855-7 03550 (종이책)   979-11-6299-856-4 05550 (전자책)

이 도서의 국립중앙도서관 출판예정도서목록(CIP)은 서지정보유통지원시스템 홈페이지(http://seoji.nl.go.kr)와
국가자료공동목록시스템(http://www.nl.go.kr/kolisnet)에서 이용하실 수 있습니다.

미래의 노벨상으로 본

뇌 DNA 양자

최완섭, 이영미 지음

노벨상의 금맥으로 불리는
뇌·DNA·양자 분야의 **56가지 新 과학** 이야기

북랩 book Lab

과학적 탐구의 산물로 가득 찬 현대사회에서 현대과학에 대한
올바른 이해와 과학적 소양인 창의성은 인문학적 소양인 상상력
이상으로 중요한 요소이다. 이를 위하여 이 책은 『Science』,
『Nature』, 『Cell』 등의 과학 학술지에 최근에 소개된 과학자들의
창의적인 연구 내용 중에서 미래의 핵심 과학기술인 뇌, DNA에
대한 연구 내용과 이들 간의 경계에 있는 양자에 관해서 설명하
였다.

이 책은 누구나 이해할 수 있도록 쉽게 설명하였고 뷔페처럼
관심 분야를 자유롭게 선택해서 읽어도 되도록 구성하였다. 내용
에는 기존의 상식으로는 말도 안 되는 발상으로 여길 수도 있는
제자의 연구를 믿었던 스승, 단백질을 연구하기 위해서 19년 동
안 실험한 과학자, 기억을 복잡한 시간적·공간적 무늬를 짜 넣는
과정이라고 설명하는 과학자, 공상과학소설 속에서나 등장하는
기억 이식에 대해 연구하는 과학자, 권위로 인해 오랫동안 흔들리
지 않던 생각에 반대의 의견을 낸 과학자 등 끊임없는 연구를 통

해 새로운 사실을 밝혀내려는 수많은 과학자의 재미있는 이야기가 포함되어 있다.

지금은 이들의 연구가 순수한 기초과학 분야의 연구이지만, 과학 철학자 쿤(Kuhn)이 그의 저서에서 "과학의 발전은 누적된 지식의 축적이 아니라 혁명적인 어떠한 사건을 계기로 급진적으로 이루어진다."라고 하였듯이, 몇십 년 혹은 몇백 년 후에는 이들의 연구 결과가 우리의 미래를 완전히 바꾸어 놓을지도 모를 일이며 이들 중에서 미래의 노벨상 수상자가 나올지도 모르는 일이다.

필자는 여러 학술 행사에서 과학자들의 연구에 관한 이야기를 접할 수 있었다. 또한, 개인적인 대화를 통해서 그들의 연구에 더 깊은 관심을 가지게 되었고 이를 계기로 이 책을 구상하게 되었다. 그리고 이 책을 쓰는 동안 그들의 생각과 열정을 간접적으로 경험할 좋은 기회를 가질 수 있어서 매우 행복한 시간이었다.

I 아름다운
뇌

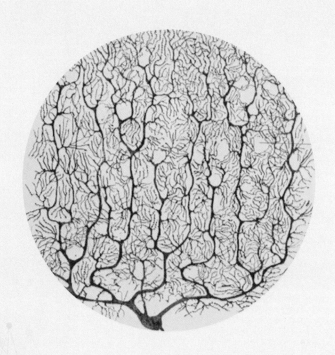

II 살아 있는
DNA

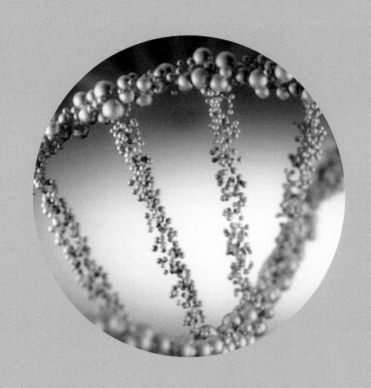

Ⅲ 경계의
양자

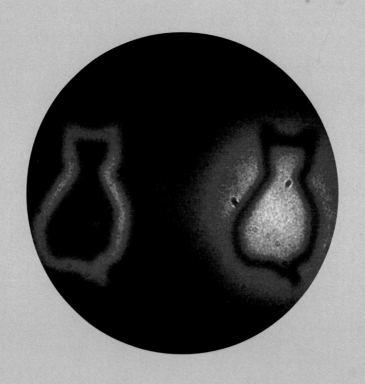

아름다운

뇌

1. 장미 열매 신경세포

🖋 세포 관찰

현미경의 역사는 렌즈를 발견하면서부터 시작되었다고 볼 수 있다. 1세기경 그리스·로마에서는 렌틸콩과 닮은 볼록 유리를 이용하여 작은 것을 확대해서 보았다고 한다. 이후 이루어진 현미경의 발명과 개량을 통하여 1665년에 훅(Hook)이 처음으로 코르크에서 세포를 발견하였다. 훅은 세포가 벌집과 같이 작은 방으로 되어 있는 것을 보고 이를 수도승이 살던 작은 방(cella)에 비유했는데, 여기서 Cell(세포)의 어원이 유래하였다.

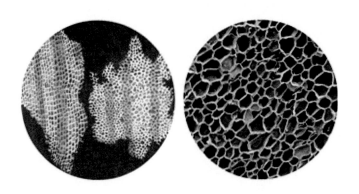

세포의 발견 이후 슐라이덴(Schleiden)은 모든 식물이 세포라는 작은 주머니로 구성되어 있다는 사실을 관찰하였고 슈반(Schwann)은 세포가 동물을 구성하는 단위가 된다고 주장하였다. 이를 통하여 식물이나 동물은 작은 세포로 되어 있다는 것을 알게 되었다. 또한, 1855년에 피르호(Virchow)는 세포는 이전에 이미 존재하는 세포로부터 만들어진다는 세포설을 주장하였다.

세포는 기본적으로 얇고 투명하기 때문에 염색하지 않은 상태에서는 보이지 않는다. 따라서 현미경이 발명되었을 때부터 세포 염색법에 대한 많은 연구가 이루어졌다. 그러나 1900년대로 들어오기 전까지는 신경계 구조를 자세히 들여다볼 수 있는 염색법이 없었기 때문에 신경세포를 관찰할 수 없었다.

평소에 신경세포에 관심이 많았던 골지(Golgi)는 은 입자를 사용한 질산은 염색법을 개발하여 세포를 까맣게 염색하여 신경세포의 관찰을 가능하게 하였다. 과학자들은 이 방법을 사용하여 여러 동물 종의 다양한 뇌 영역에서 채취한 조직을 검사하고, 비교하기 시작했다. 그러나 질산은 염색법은 신경세포의 10%만 염색된다는 제한점을 가지고 있었다.

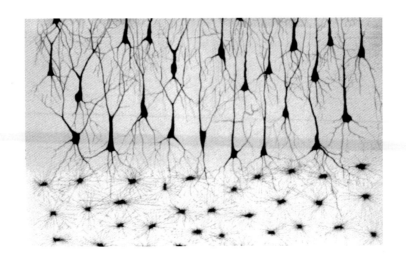

골지 밑에서 연구하던 카할(Cajal)은 질산은 염색법을 개량하여 신경세포가 모두 염색되는 금 염색법을 개발하였다. 금 염색법은 뇌와 어린 동물의 척수 등 신경조직의 세부 구조 연구에 이용되었고 망막의 세부 구조를 밝히고, 신경세포의 구조와 연결을 알아내는 데 이용되었다.

신경과학의 역사에서 주목받은 사건 중 하나가 19세기 말에 벌어진 신경계에도 세포설이 적용되는지에 대한 골지와 카할의 논쟁이었다. 신경세포의 존재와 그 세포들 사이의 관계가 명확히 규명되지 못했던 당시에 이 논쟁은 골지의 네트워크 이론과 카할의 신경세포 이론 간의 패러다임의 충돌로 보였다. 네트워크 이론은 신경 체계를 구성하는 무수한 세포들이 상호 접합되어 연결된 네트워크를 이룬다는 입장이었고, 신경세포 이론은 네트워크를 이루되 세포들은 접합되지 않은 상태로 연결되어 있다는 입장이었다.

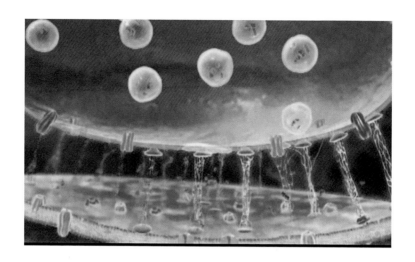

공교롭게도 이론적인 대립 상태에 있던 골지와 카할의 논쟁은 주변의 신경세포들과 접합되지 않은 상태의 시냅스 연결을 이루고 있는 신경세포가 직접 발견되면서 카할의 신경세포 이론이 받아들여지게 되었다(노벨상, 1906). 이후 신경세포에 대한 후속 연구를 통하여 시냅스는 하나의 신경세포에서 다른 신경세포로 신호를 전달하는 특수한 접점구조 역할을 하며 시냅스 틈새는 약 2/1억m라는 것을 알게 되었다.

⚡ 신경세포

우리 몸에서 삶을 가능하게 하는 가장 기본적인 부위를 들자면 역시 뇌를 들 수 있다. 뇌는 신경세포들의 작동을 통해 기능을 유지하는데, 뇌에 있는 신경세포는 약 1,000억 개로 알려져 있다. 또한, 신경세포는 시냅스라는 특수한 구조를 통해서 신경전달을 매개하게 되는데, 각각의 신경세포는 1,000~10,000개의 시냅스를 형성할 수 있다고 알려져 있다. 이를 토대로 계산해 보면 일반적인 성인의 뇌는 역 100~1,000조 개의 시냅스를 형성할 수 있다.

이렇게 복잡하고 다양한 시냅스는 뇌의 다양한 부위에서 존재하며 특정 신경회로망을 만들고, 궁극적으로는 뇌 기능을 매개하는 기초가 된다. 그러나 신경세포들이 갖는 역할이 무엇인지, 상호작용을 통해 어떻게 우리의 기억이 저장되고 지워지는지, 심지어 그 종류가 얼마나 다양한지에 대해서 우리는 아직까지 명확히 이해하지 못하고 있다.

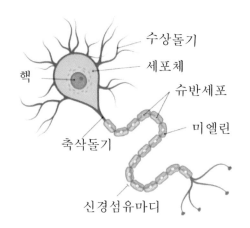

수상돌기

세포체

슈반세포

미엘린

핵

축삭돌기

신경섬유마디

신경세포는 보편적으로 머리 역할을 하는 세포체, 세포체에서 한쪽으로 길게 뻗어 나온 굵은 축삭돌기와 거기서 파생되어 나뭇가지처럼 돋아난 수많은 수상돌기로 구성된다. 축삭돌기도 굵은 수상돌기이며, 신호전달 속도를 높일 수 있도록 표면은 미엘린으로 둘러싸여 있다.

신경세포는 수상돌기를 통해 주변의 신경세포들로부터 수많은 정보를 받고, 축삭돌기를 통해 주변 신경세포에 정보를 전달한다. 이때 수상돌기가 받는 정보는 모두 아날로그 신호이며, 축삭돌기가 만들어내는 정보는 모두 디지털 신호다. 흥미롭게도 이 모든 과정은 전기신호를 통해 이루어지며, 화학적인 신호들은 전기신호를 돕는 일만 하는 것으로 알려져 있다.

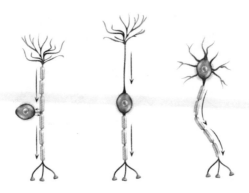

　신경세포는 축삭돌기와 수상돌기의 방향과 개수, 전체적인 모양에 따라서 다양한 종류로 분류하는데 최근에는 유전자를 이용하여 더욱 명확하게 신경세포의 종류를 분류하려는 시도가 이어지고 있다. 타직(Tasic) 등은 유전자 발현을 이용하여 쥐의 대뇌피질(cortex)에 있는 신경세포를 133개의 유형으로 분류하였다(Nature, 2018).

🌹 장미 열매 신경세포

전통적인 속설에 의하면 인간의 뇌는 다른 동물에 비해서 크고 정교하게 발달해 왔지만, 그 구성은 비슷하다고 한다. 이런 측면에서 보면 동물 연구의 결과를 확장하면 인간도 어느 정도 그 결과를 예측할 수 있다. 이러한 이유에 의해서 인간의 질병과 치료 연구는 쥐를 비롯한 동물을 대상으로 효과나 독성 연구를 먼저 한다. 즉, 동물에게서 효과가 있다고 판단되면 이후 사람을 대상으로 연구하고 이를 통과하면 신약으로 인정받는다.

하지만 동물 연구에서 효과가 입증된다고 하더라도 사람을 대상으로 하는 임상시험이나 질병 연구에서는 맞지 않는 경우가 많다. 이러한 이유로 과학자들은 동물에는 없고 인간에게만 존재하는 신경세포가 있을 거라는 생각을 하게 되었다.

타마스(Tamás) 등은 뇌세포에서만 활성화되는 유전자 탐지 기법을 사용하여 의식과 사고 기능에 관련 있는 대뇌피질에 관해서 연구하고 있었다. 그들은 신체를 기증한 50대 남성 2명의 뇌 샘플의 억제 신경세포에서 나오는 전기신호를 기록하는 과정에서 쥐의 뇌세포에서 관찰된 적이 없는 특이한 유형의 세포들을 발견하였다. 다른 방법을 사용하여 공동 연구를 하던 레인(Lein) 등도 쥐, 원숭이, 인간의 뇌에서 발견되는 세포 유형을 확인하던 중 우연히 쥐와 같은 설치류의 뇌에서는 전혀 발견되지 않았던 새로운 신경세포를 인간의 뇌에서 발견하였다.

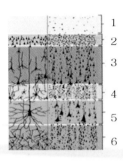

이들이 발견한 신경세포는 뇌에서 정보의 흐름을 통제하여 인간이 자신의 욕구나 욕망을 적절히 억제하는 데 중요한 역할을 하는 억제 신경세포의 새로운 종류였다. 또한, 이 신경세포는 대뇌피질의 첫 번째 층에 위치하며 세 번째 층에 위치한 피라미드 신경세포와 함께 시냅스를 이룬다는 것을 확인하였다(Nature Neuroscience, 2018).

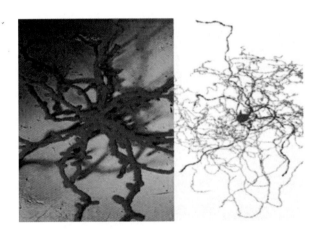

이들은 이 억제 신경세포의 축삭돌기가 형성하고 있는 밀집한 다발의 모양이 꽃잎이 떨어진 장미의 모양과 비슷하여 장미 열매

(rosehip) 신경세포라고 이름을 붙였다. 장미 열매 신경세포의 발견을 통하여 인간의 뇌는 진화과정에서 쥐가 가지고 있지 않은 뇌세포를 하나 이상 더 가지고 있음을 알게 되었다.

　이를 통하여 인간의 뇌는 쥐의 뇌보다 크고 정교할 뿐이고 구성은 유사하다는 통념이 깨졌을 뿐만 아니라 인간의 뇌를 독특하게 만든 요인을 이해할 수 있게 되었다. 그러나 장미 열매 신경세포가 인간의 뇌에서 어떤 상황에서 작용하는지, 몸속에서의 실제 기능이 무엇인지에 대해서는 아직 연구가 필요하다.

2. 장-뇌 면역축

🖋 신경교세포

뇌에는 신경세포와 신경교세포(Glia)가 있지만, 지금까지 중요한 뇌 기능은 신경세포가 맡아서 한다고 알려져 뇌 연구는 신경세포 위주로 이루어져 왔다. 이러한 신경세포에 편중된 뇌 연구는 신경과학의 창시자인 카할로부터 시작되었다. 카할의 그림에는 신경세포만 그려져 있지, 신경교세포는 그려져 있지 않았다. 따라서 신경교세포에 관한 연구는 비교적 나중에서야 진행됐고 아직도 많은 부분이 미지로 남아 있다.

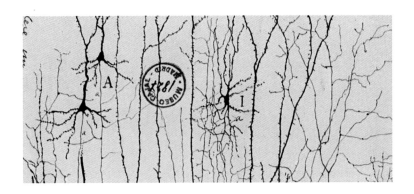

일반적으로 신경세포는 신호전달물질을 분비하고 신호를 전달하는 역할을 하고 신경교세포는 신경세포를 보조하는 역할을 한다고 알려져 있다. 신경교세포에서 '교'는 '풀(glue)'이라는 뜻으로 신경교세포가 어떤 기능을 하는지 모를 때 풀처럼 신경세포들을 붙여주는 역할을 할 것이라고 짐작한 데서 신경교세포라는 이름이 붙여졌다. 또한, 신경교세포의 크기는 신경세포의 1/10 정도이지만, 수적으로는 신경세포의 약 10배 정도가 되리라고 추정된다.

신경교세포는 그 자체로는 신경전달 물질을 분비하지 못하지만, 신경세포들이 고유의 기능을 수행하는 데 도움을 주며, 뇌 조직이 손상되었을 때 이를 회복시키는 데도 매우 중요한 기능을 한다. 이 밖에도 신경교세포들은 신경세포에 영양물질의 공급, 신경전달이 이루어지도록 하는 세포외액의 조절, 효과적인 신호전달을 위한 세포 절연, 면역작용 등 다양한 역할을 한다.

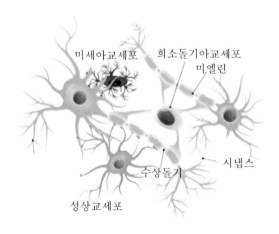

미세아교세포
희소돌기아교세포
미엘린
시냅스
주상돌기
성상교세포

신경교세포는 형태에 따라 미세아교세포, 성상교세포, 희소돌기아교세포 및 방사신경교세포로 나누며 시냅스와 관련된 신경교세포로는 미세아교세포와 성상교세포가 있다.

미세아교세포는 신경계의 대표적인 면역세포지만 오랫동안 주목을 받지 못하였다. 즉, 미세아교세포는 평소에는 작용하지 않다가 오래되거나 감염된 세포 등 제거해야 할 대상이 생기면 제거하는 뇌 속의 면역세포 정도로만 여겨졌다. 그런데 2010년부터 미세아교세포와 성상교세포가 시냅스 가지치기나 시냅스 제거에 관여한다는 사실이 밝혀지면서 주목을 받기 시작하였다. 시냅스 가지치기는 안 쓰는 시냅스를 없애는, 즉 신경세포 사이의 연결을 없애는 과정으로 이를 통해 효율적인 뇌 회로가 형성된다.

신경세포는 신경 줄기세포로부터 분화된 후 적절한 위치로 이동하고 축삭돌기를 뻗어 근처에 있는 다른 신경세포들과 시냅스를 형성한다. 따라서 시냅스는 신경세포 사이에 매우 복잡하게 연결되어 있는데 이때 미세아교세포와 성상교세포는 시냅스 형성을 촉진하는 물질을 분비하거나, 시냅스의 구조를 안정시키거나, 시냅스를 제거하는 역할을 한다.

✍ 장내 미생물

입, 코, 귀, 피부, 생식기, 겨드랑이, 장 등 우리 몸에는 다양한 곳에 고세균, 박테리아, 곰팡이, 장내 미생물, 바이러스 등 세포 수의 10배나 되는 미생물이 서식하고 있다. 이 미생물을 한데 모으면 1~1.5kg 정도 되고, 유전정보는 사람의 100배나 될 것으로 추정된다. 특히 대장에는 다양한 종류의 미생물이 살고 있는데 대변에는 미생물들이 포함되어서 배출된다. 이때 대변에서 수분을 뺀 나머지의 40% 정도가 미생물이다.

미생물의 유전정보를 연구하는 마이크로 바이옴(미생물+유전정보)의 시작은 고든(Gordon) 등의 무균 쥐 실험을 들 수 있다. 고든 등은 체내에 미생물이 없는 무균 쥐에게 뚱뚱한 쥐와 마른 쥐의 대변을 각각 주입하고 관찰하였다. 그 결과, 같은 양의 먹이를 먹어도 뚱뚱한 쥐의 대변이 주입된 쥐의 체중이 마른 쥐의 대변이 주입된 쥐보다 2배나 더 늘어난 것을 발견하였다(Nature, 2006). 즉, 장내 미생물이 소화와 영양 흡수를 도울 뿐만 아니라 비만과 같은 질병에도 영향을 준다는 것을 발견한 것이다.

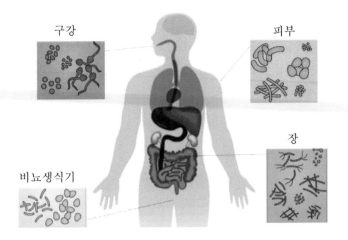

구강

피부

장

비뇨생식기

　이 연구를 시작으로 장내 미생물에 대한 많은 연구가 진행되었
는데 이들의 결과에 의하면 장내 미생물은 육체적인 건강뿐만 아
니라 우울증, 자폐증, 신경 퇴행성 질환을 유발하여 정신적인 건
강에도 영향을 미칠 수 있다고 한다. 따라서 장내 미생물을 이용
한 다양한 질병의 치료제가 연구되고 있다.

🐾 장내 미생물과 뇌

장내 미생물이 뇌와 연결되어 있다는 사실은 2004년부터 알려졌다. 당시 일본 규슈대 과학자들은 장내 미생물의 스트레스에 대한 면역력을 알아보기 위해서 장내 미생물을 없앤 쥐와 정상 쥐에게 동일한 스트레스를 유발하였다. 그들은 이 실험에서 장내 미생물을 없앤 쥐에서 스트레스 호르몬이 정상 쥐보다 2배나 많이 나오는 것을 확인하였다. 파킨슨병을 연구하던 캘리포니아 공과대 과학자들도 파킨슨병 환자의 장내 미생물과 정상인의 장내 미생물을 쥐에게 이식하는 실험을 하였다. 그들은 이 실험에서 정상인의 장내 미생물을 이식받은 쥐보다 파킨슨병 환자의 장내 미생물을 이식받은 쥐에서 파킨슨병 증세가 더 많이 나타나는 것을 발견했다. 이를 통하여 파킨슨병의 증세를 악화시키는 장내 미생물도 있다는 것을 확인하였다.

이후 과학자들은 장내 미생물과 뇌의 관계에 관심을 가지게 되었다. 퀸타나(Quintana) 등은 다발성 경화증에 걸린 쥐를 이용하여 장내 미생물이 아미노산의 일부인 트립토판을 먹고 배출하는 물질에 대해 연구하고 있었다. 다발성 경화증은 어떤 이유에서인지 면역세포가 신경세포의 축삭을 둘러싼 수초를 공격해서 결국 신경세포가 죽어 신경계에 이상이 생기는 자가 면역질환이다.

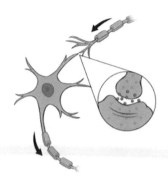

　2006년에 퀸타나 등은 장내 미생물이 트립토판을 먹고 배출한 물질이 뇌로 가서 면역세포인 성상교세포의 활동을 줄이면서 염증을 억제하는 것을 확인하였다. 그리고 성상교세포의 활동에 미세아교세포에서 발현되는 탄화수소 수용체(Aryl hydro-carbon receptor, AHR)가 개입한다는 것을 밝혔다. 그러나 AHR에 어떤 신호분자가 붙어야 활성화되는지에 대한 실체를 밝히지는 못했다.

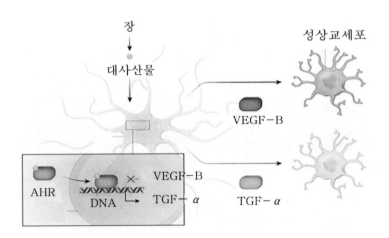

퀸타나 등은 후속 연구에서 다발성 경화증에 걸린 쥐에게 트립토판이 부족한 먹이를 주자 염증 증세가 악화되는 것을 확인했고 트립토판이나 장내 미생물이 트립토판으로 만든 I3S(indoxyl 3-sulfate)를 보충한 먹이를 줄 경우 그 증세가 완화되는 것을 발견하였다. 이를 통하여 미세아교세포에서 발현되는 AHR에 I3S가 붙어야 특정 단백질(TGF-α, VEGF-B)이 분비된다는 것을 확인하였다. 즉, I3S는 성상교세포의 염증반응을 자극하는 VEGF-B 유전자의 발현은 억제하고, 염증반응을 억제하는 TGF-α 유전자의 발현은 촉진하였다. 그 결과로 다발성 경화증의 증상이 완화되는 것을 확인하였다(Nature, 2018).

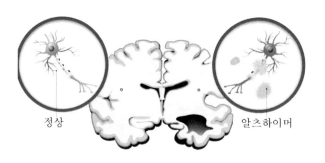

정상   알츠하이머

알츠하이머는 다양한 요인에 의해서 발병하지만, 특히 뇌 속에 축적된 아밀로이드 베타 단백질의 독성에 의해서 신경세포가 죽어서 뇌의 활동이 저하되는 정신 질환이다. 그러나 아밀로이드 베타 단백질이 쌓이기 전에 착오가 생겨서 일어나는 중추신경계에서의 염증은 신경세포와 신경교세포 간의 복잡한 상호작용을 통해서 일어난다. 퀸타나 등의 연구 결과는 이들의 치료에 많은 도움을 줄 것이다.

3. 해마의 새로운 역할

✔ 해마

성인의 뇌는 약 1,250~1,400g 정도로 몸무게의 약 2%에 불과하지만, 전체 에너지의 약 20% 이상을 소비하는 가장 중요한 기관이다. 뇌는 사고, 판단, 기억과 학습 등의 고등 기능에서부터 잠, 욕구 등과 같은 원초적 기능까지 모든 기능을 관장하는데 발생에 따라 전뇌·중뇌·후뇌로 분류할 수 있다.

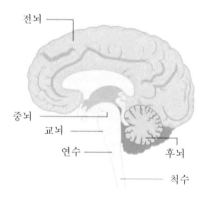

전뇌는 대뇌 피질과 변연계로 구성되어 있다. 대뇌 피질은 좁은 두개골 안에 많은 신경세포를 담기 위해서 주름이 잡혀있는데 두

께는 2~5㎜ 정도이며 주름을 펴서 펼쳐놓았을 때 신문지 한 장 정도에 해당하는 넓이다. 대뇌 피질은 사색 기능, 판단 기능, 창조적 정신 기능 등의 고등 정신 활동과 운동과 감각을 담당한다. 이에 비하여 변연계는 대뇌 피질에 의해 완전히 둘러싸여 있는 보통 1㎝ 정도의 지름과 5㎝ 정도의 크기를 가진 기관이다. 변연계는 감정적 기억, 무의식적 기억으로 공포나 분노에 중요한 역할을 하는 편도체와 기억의 저장과 기억을 다시 떠올리는 데 중요한 역할을 하는 해마로 분류된다.

감각기관을 통해 새로운 정보가 뇌로 들어오면 정보들이 기억으로 전환되는 부호화 과정을 거치게 되는데 이때 해마는 부호화된 정보를 저장하고 있다가 대뇌피질로 보내는 중요한 역할을 하고 있다. 따라서 새로운 정보를 인식하고 일시적으로 관장하는 뇌 기관인 해마가 손상되면 새로운 정보를 기억할 수 없게 된다.

🖋 장소세포와 격자세포

다른 이들은 까맣게 잊고 있던 점심을 함께 먹은 식당의 장소를 정확히 기억해내어 주변을 놀라게 하는 사람이 있다. 반면에 어제 무엇을 했는지도 깜박깜박 잊어버리는 사람도 있다. 이 차이를 연구하던 과학자들은 기억과 관계가 깊은 해마를 주목하였다. 과학자들은 기억의 창이 해마라는 것은 틀림없다고 증명했지만, 세포 수준, 분자 수준에서의 메커니즘은 수수께끼에 싸여 있었다.

오키프(O'Keefe)는 1970년에 쥐의 해마에서 장소를 기억하는 세포를 찾기 위해 해마에 활동을 감지하는 전극을 심은 다음 쥐를 T자 모양의 미로에 넣었다. 그리고 길을 택할 때마다 먹을 것을 주면서 쥐의 행동을 관찰하였다. 즉, 쥐가 미로의 교차점에서 왼쪽과 오른쪽 중 한 길을 택하면 보상으로 먹을 것을 주었고 그 다음에는 처음과 다른 방향을 택해야 먹을 것을 주었다. 이러한 과정을 반복한 결과, 쥐는 시간이 지날수록 특정한 장소에 가면 그전에 자신이 지나갔던 기억을 떠올리면서 멈칫거리는 행동을 보였다. 특정 위치를 지날 때마다 쥐의 뇌에서 각기 다른 세포들이 활성화되었다. 이는 해마 속 세포에 각각 다른 기억들을 저장하기에 쥐가 이런 행동을 보인 것으로 생각하였다.

오키프는 이 실험을 통하여 특정 장소에 갔을 때 전기적 신호를 보내는 세포를 해마에서 찾아냈고 이를 장소세포(place cell)라

고 하였다. 이를 통하여 길을 찾기 위해 특정 위치를 기억하는 데
쓰이는 신경세포가 존재한다는 사실을 발견함과 동시에 그 장소
세포가 현재 위치를 기억할 수 있게 한다는 사실을 알아냈다. 이
로써 해마가 기억뿐 아니라 장소 정보를 처리한다는 사실을 최초
로 규명하였다(노벨상, 2014).

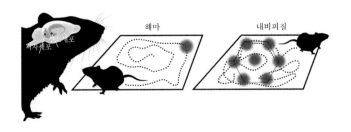

장소세포는 특정 위치에서만 작동한다. 이를테면 출근길에 만나
는 특정 사물의 지표를 기억했다가 그 사물을 마주쳤을 때 작동
하는 방식으로 현재 위치를 인지한다. 먼저 집을 나온 뒤 멋진 가
로등을 만났다고 하자. 이때 뇌 속 해마에서는 그에 맞는 장소세
포가 전기신호를 낸다. 또 15분 후에 독특한 학원 건물 같은 다른
사물을 만나면 다른 장소세포가 작동한다. A 지점에 있을 때는 B
세포가, C 지점에 있을 때는 D 세포가 활성화되는 식이다.

오키프 연구실에서 1996년에 박사 후 과정 동안 쥐의 해마에 전
극을 심는 장소세포 측정 연구 기법을 배운 모세르(Moser) 등은 장
소세포 측정 연구 기법을 내비피질의 연구에 이용하였다. 모세르

등은 2005년에 쥐가 상자 안에서 먹이를 찾아서 이리저리 오갈 때의 뇌 신호를 분석한 결과, 해마 바로 옆의 내비피질의 신경세포가 한 지점에서만 반응하지 않고, 여러 지점에서 반응하는 것을 관찰하였다.

반응하는 세포의 움직임을 평면에 표시했더니 뇌에 있는 장소 정보 처리에 특화된 세포들이 공간상의 지도를 만들어 위치 찾기를 할 수 있도록 도와준다는 것을 알게 되었다. 이 현상은 신경세포의 신경 전기신호 생성 위치가 공간의 좌표(Grid)를 나타내는 것 같이 보여 모세르 등은 이 세포들을 격자세포(grid cell)라고 불렀다(Science, 2005). 이를 통하여 '뇌의 내비게이션 시스템'을 구성하는 또 다른 핵심 요소인 격자세포를 발견하였다(노벨상, 2014).

장소세포와 격자세포를 포함한 공간정보처리 세포들은 쥐와 같은 설치류에서 주로 연구되었는데, 추후 박쥐와 같이 날아다니는 동물에서도 발견되었을 뿐만 아니라, 최근에는 사람 해마와 내비피질에서도 장소세포와 격자세포가 발견되었다.

✦ 사회적 장소세포

지금까지 쥐나 박쥐를 이용한 관련 연구는 모두 실험실에서만 이뤄졌기 때문에 와이즈만 연구소의 울라노브스키(Ulanovsky) 등은 실험실이 아닌 다른 환경에서 더 정밀한 연구를 설계하였다. 뇌가 위치를 인식하는 방법을 연구하기 위해서 울라노브스키 등은 200m 길이의 동굴을 만들고 첫 번째 박쥐를 학습시켜, 두 지점 사이를 왕복하게 만들었다. 그리고 두 번째 박쥐(관찰자)에게는, 첫 번째 박쥐의 움직임을 관찰한 다음 그대로 모방하도록 학습시켰다. 또한, 관찰자에게 박쥐만 한 플라스틱 물체의 움직임을 추적하도록 훈련시켰다. 그러고는 관찰자의 해마에 머리카락보다 가는 전극 16개를 심은 다음 뇌 신호를 기록하였다. 기록된 뇌 신호를 분석해 보니, 관찰자가 두 지점 사이를 이동할 때 자신의 위치를 인식하는 장소세포에서 전기적 신호를 보내는 것으로 나타났다.

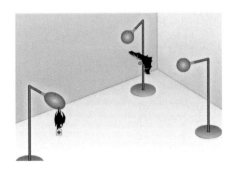

이들은 놀라게 한 사건은 그다음에 일어났다. 관찰자가 다른 박쥐의 움직임을 관찰할 때, 박쥐의 위치에 반응하여 제2의 세포들이 전기적 신호를 보내는 것이었다. 연구진은 그 세포들을 장소세포와 구별하기 위해 사회적 장소세포(social place cell)라고 하였다. 연구진은 플라스틱 물체에 반응하는 제3의 세포들도 확인했는데, 이 세포들은 사회적 장소세포와 다른 활성 패턴을 보였다. 세 가지 장소세포, 사회적 장소세포, 물체에 반응하는 세포 사이에는 사실상 겹치는 부분도 있었다.

울라노브스키 등은 뇌의 동일한 부분이 이동하는 동물이나 이동하는 물체를 모두 추적하는 임무를 담당하고 각각의 임무를 담당하는 세포군에는 약간의 차이가 있는 것을 발견하였다. 이를 통하여 박쥐의 내비게이션 시스템은 전반적인 집단코드(population code)를 형성하는 것을 알게 되었다(Science, 2018).

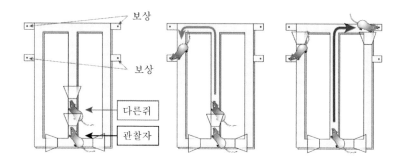

전극을 이용하여 쥐 해마의 사회적 장소세포 실험을 하고 있던 시게요시(Shigeyoshi) 등도 울라노브스키 등과 비슷한 뇌 활성이 나타나는 것을 발견하였다. 시게요시 등은 T자형 미로의 두 가지 통로 중에서 관찰자 쥐가 다른 쥐의 움직임을 관찰해 다른 위치로 움직일 때마다 먹을 것을 주면서 쥐의 행동을 관찰하였다. 그 결과, 관찰자 쥐의 해마에 자신의 위치를 인식하는 장소세포뿐만 아니라 다른 쥐의 위치를 인식하는 신경세포가 존재하는 것을 발견했다(Science, 2018).

이들의 해마의 인지 지도는 자신의 위치를 아는 데 그치지 않고 타인 또는 사물의 공간 정보를 인식하는 기능의 연구와 알츠하이머 등의 다양한 뇌 질환에 폭넓게 적용될 것이다.

4. 기억의 형성과 회상

🖌 형광 단백질

단백질은 20종류의 다양한 아미노산으로 만들어진 긴 사슬로 되어 있는데, 사슬의 접혀있는 형태, 길이, 순서에 따라서 단백질의 성질이 달라진다. 일반적으로 단백질은 유전자에 의해서 만들어진다. 즉, 세포가 어느 단백질이 필요하면, 그 단백질에 해당하는 유전자가 작동해서 필요한 단백질을 세포 안에서 만든다. 따라서 특정 단백질에 꼬리표를 달아놓으면 그 단백질이 어떻게 움직이는지, 어디에 분포하는지 살펴볼 수 있다는 장점이 있다.

단백질에 꼬리표를 다는 대표적인 방법으로 생물발광 단백질을 이용하는 방법이 있다. 생물발광 단백질은 1962년에 시모무라(Shimomura)가 형광 물질을 연구하던 중 녹색 형광 해파리로부터 처음으로 분리하였다. 시모무라는 이것을 애쿠오린(aequorin)이라고 하였는데 그는 이 단백질을 연구하기 위해 19년 동안 매년 여름마다 해파리를 5만 마리씩 잡아 실험하였다.

애쿠오린은 원래 푸른색을 내는 데 비해 이 해파리는 초록빛을 낸다. 그래서 시모무라는 해파리로부터 녹색 형광을 내는 물질을 찾기 시작했고 애쿠오린이 푸른색을 발광할 때 이 빛을 흡수해서 초록색(녹색) 형광을 내는 녹색 형광 단백질(Green Fluorescent Protein, GFP)을 찾아내었다.

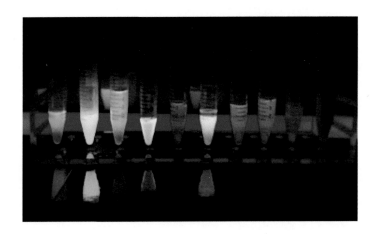

또한, GFP가 빛을 흡수해서 형광을 내는 발색단(유기분자가 색을 나타내는 데 필요한 유기분자의 한 부분)을 가지고 있다는 것을 밝혔다. GFP의 발색단이 빛을 받으면 에너지를 얻어 들뜬 상태가 되고 그다음 단계로 발색단은 초록빛을 내고 —에너지를 잃어— 바닥 상태로 돌아가게 된다. 과학자들은 이를 이용하여 특정 단백질에 꼬리표를 달아놓는 연구를 하기 시작하였다.

🖋 형광 단백질 이용

샐피(Chalfie)는 흔하게 연구되는 생명체 중의 하나인 길이가 1 ㎜ 정도인 꼬마선충을 연구하고 있었다. 꼬마선충(Caenorhabditis delgans)의 유전체는 1998년에 다세포 생물 중에서 가장 먼저 해독됐다. 또한, 꼬마선충은 유전자 중 35%가 인간의 것과 닮아 암이나 알츠하이머 등 질병과 노화, 세포 간 상호관계 등의 연구에 사용됐다. 1988년에 샐피는 형광 생명체를 다루는 학회에서 GFP에 관한 얘기를 처음으로 듣고 현미경으로 꼬마선충의 장기를 연구하기 위해서는 GFP가 환상적이라고 생각하게 되었다. 그는 연구하려는 단백질의 유전자에 GFP의 유전자를 끼워 넣고 연구 대상 단백질이 세포 어디에서 어떻게 움직이는지 확인할 수 있는 실험 방법을 체계화하였다.

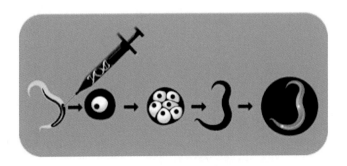

그 후 프래셔(Prasher)가 GFP 유전자를 분리했다는 것을 알게 된 샐피는 프래셔에게 전화를 걸어 GFP 유전자를 받았다. 샐피

는 GFP 유전자를 꼬마선충의 체내에 집어넣은 후 살아 있는 투명한 꼬마선충에 자외선을 비추자 형광이 생기는 것을 확인하였다. 이후 샐피는 실험을 확장하여 꼬마선충의 다른 단백질과 GFP 유전자를 융합한 단백질도 빛을 낼 수 있다는 것을 발견하였다.

일반적으로 합성 형광 물질들은 강한 독성을 나타내어 살아있는 세포에 사용하기가 어려웠으나, GFP는 독성이 적어 살아있는 세포 연구에도 사용할 수 있다는 장점이 있다. 따라서 GFP는 새로운 차원의 꼬리표이며 이를 이용하여 과학자들은 병을 일으키는 단백질들이 생체에서 어떻게 작용하는지 관찰할 수 있게 되었다.

🦴 기억의 회상

낯선 곳으로의 여행처럼 새로운 경험을 할 때 경험했던 위치나 이와 관련된 감정 등의 다양한 기억은 해마와 다른 뇌 구조의 여러 부분을 연결하는 신경회로에 저장된다. 과학자들은 해마는 기억과 관련된 기능이 여러 영역으로 나누어져 있고 기억은 해마의 CA1이라는 부분에 일시적으로 저장되었다가 내비피질이라고 불리는 영역으로 전달된다고 보았다. 이때 신경세포가 활성화되면서 엔그램(engrams)으로 알려진 기억 흔적을 형성한다고 알려져 있었다. 기억을 떠올릴 때도 기억이 형성될 때 활성화되었던 해마의 회로를 똑같이 사용한다고 생각해 왔다. 따라서 과학자들은 CA1에서 해마이행부(subiculum)를 거쳐 내비피질까지 이어진 해부학적 연결은 발견했지만, 해마이행부라고 불리는 작은 부분에 대한 연구는 거의 수행되지 않은 상태였다.

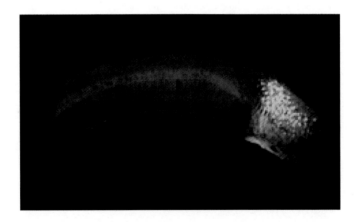

해마이행부에 관한 연구를 하던 MIT 연구팀은 2017년에 유전적으로 조작된 쥐를 이용해 해마이행부(초록)를 빛으로 활성화하거나 비활성화할 수 있게 만들었다. 쥐의 기억력을 테스트하기 위해 특정 우리에 들어가면 약한 전기 충격을 가해 두려움 상태를 유발하였다.

MIT 연구팀은 두려움 상태에 들어갈 때 해마이행부의 신경세포를 억제한 그룹의 쥐가 여전히 경험을 기억할 수 있을 것으로 생각하였다. 하지만 두려움 상태가 발생한 후 해마이행부의 신경세포를 억제한 그룹에서는 기억이 제대로 형성되지 않아서 이를 회상하지 못하였다. 즉, CA1에서 해마이행부를 거쳐 내비피질까지 연결된 해부학적 구조에서 해마이행부를 거치지 않고 CA1에서 내비피질까지 직접 연결해도 회상은 가능했지만, 기억을 형성하기 위해서는 해마이행부가 필요하다는 것을 발견하였다(Cell, 2017).

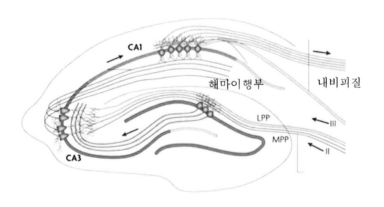

이 연구 이전에 꼬마선충의 연구에서 유사한 회상 회로가 발견되었지만, 척추동물에서는 한 번도 관찰된 적이 없었다. 따라서이 결과는 뇌 연구에서 근본적인 문제 중의 하나인 기억의 형성과 회상을 설명해 주면서 기억의 형성과 회상에 서로 다른 회로가 사용된다는 것을 보여 주었다.

왜 해마는 기억의 형성과 회상에 두 개의 서로 다른 회로를 사용하는 것일까? 이에 대해서 정확히 과학적으로 알려진 것은 없지만 두 개의 서로 다른 회로를 사용하면 회상 회로가 활성화되는 것과 동시에 새로운 기억이 형성되는 것이 가능하여 기억을 편집하거나 업데이트하기가 쉽기 때문이라고 과학자들은 추측하고 있다.

5. 기억의 저장과 이식

✐ 기억

    뇌와 신경을 연구하는 과학자들은 기억을 신경세포의 조합이라고 말한다. 우리 뇌에는 약 1,000억 개의 신경세포가 전기신호를 주고받으며 작동하고 있는데 이 신경세포 중에서 일부가 특정한 신호를 주고받는 방식을 기억이라고 한다. 가령 커피를 마실 때 우리는 커피의 맛과 향, 온도 등을 느끼는데 이런 감각들은 수많은 신경세포가 여러 전기신호를 주고받은 결과이다. 즉, 우리가 커피를 마실 때마다 비슷한 신경세포들이 비슷한 방식으로 전기신호를 주고받는다. 이때 신경세포들이 전기신호를 주고받는 특정한 방식이 하나의 기억을 이루는 것이다.

    기억은 유지되는 시간에 따라 단기기억과 장기기억으로 구분된다. 사람들은 2주가 지나면 이전에 들었던 것의 80%는 잊어버리는데 이는 단기기억에 해당한다. 장기기억은 반복적 경험이나 학습을 통해 잊어버리지 않고 평생 기억하는 것으로 어렸을 때 외운 구구단을 나이가 들어도 외울 수 있는 이유는 구구단 공식이 장기기억 속에 남아 있기 때문이다. 이 둘은 기억의 지속 시간 외에는 별다른 차이가 없는 것처럼 보이지만, 신경세포 수준으로 내려가 보면 많은 차이가 있다.

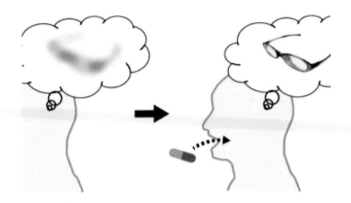

　단기기억은 뇌의 신경세포와 신경세포 사이에 새로운 회로가 만들어지지 않는다. 단지 신경세포 회로 말단에서 신경전달물질이 좀 더 많이 나와 일시적인 잔상으로 기억에 남아 있을 뿐이다. 그러나 단기기억이 장기기억으로 바뀔 때는 신경세포에서 회로를 만드는 유전자 스위치가 켜지면서 새로운 신경회로망이 생긴다.

　장기기억은 지식과 경험뿐만 아니라 추억으로 뇌 속에 저장되어 한 사람의 정체성을 이루는 데 큰 역할을 수행한다. 하지만 모든 기억이 장기기억이 되지는 않는다. 뇌는 단기기억 중에서 불필요한 것은 삭제하고 꼭 필요한 것만 장기기억으로 저장한다. 기억이 모두 뇌에 남아있어도 행동에 방해가 되기 때문이다.

🎋 기억의 저장

과학자들은 기억이 뇌의 어느 부분에 저장되는지, 기억의 물리적인 실체는 무엇인지 알아내고자 여러 학설을 제시해 왔다. 좀 추상적인 이야기 같지만, 세링톤(Sherrington)은 기억을 "대뇌피질의 신경세포에 섬광이 스쳐 가듯 충격파가 지나가며 복잡한 시간적·공간적 무늬를 짜 넣는 과정이다."라고 설명하였다(노벨상, 1932). 그러나 기억이 뇌 안에 등록되고 저장되는 방식을 처음으로 설명한 사람은 헵(Hebb)이다. 그는 1949년에 신경세포와 신경세포의 연결 부위인 시냅스가 서로 연결되면서 하나의 회로가 만들어지는데, 인간의 기억이 두 신경세포 사이의 시냅스에서 연결 강도로 저장 가능하다는 과감한 주장을 펼쳤다. 이들의 이론에 의하면 어느 시점에 뇌가 겪은 시간적·공간적인 무늬를 재생해서 엮어내는 것이 바로 기억이다.

시냅스는 외부의 열이나 힘에 따라 변형되는 플라스틱처럼 우리가 겪는 경험이나 학습을 통하여 일정한 물질적, 구조적 변화가 일어난다. 즉, 물질적, 구조적 변화를 통하여 시냅스는 더욱 견고해지기도 하고, 약해지거나 새롭게 형성되기도 한다. 경험이나 학습을 통한 지식이 쌓이면, 뇌의 새로운 신경이 성장하고 새로운 신경 연결망이 추가되면서 변화하고 발전하는 능력을 갖추고 있는데 이를 신경 가소성(brain plasticity)이라고 한다(MIT, 2018).

　　이와 같은 과학적인 근거를 바탕으로 과학자들은 기억은 신경
세포 사이의 일정한 시냅스에 저장된다는 헵의 가설을 지지하게
되었다. 그러나 학습에 의한 시냅스의 변화가 기억의 물리적 실
체라고 생각하고 있었지만, 시냅스의 어느 부분에 기억이 저장되
는지, 기억의 물리적 실체가 무엇인지는 그동안 실험으로 확인하
지 못했다.

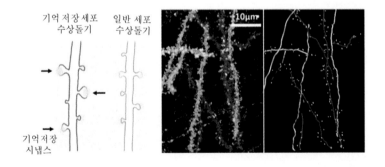

　　강봉균 등은 하나의 신경세포에 연결된 수천 개의 시냅스를 종
류별로 구분하는 기술(dual-eGRASP)을 개발하여 기억의 중추적인

역할을 한다고 알려진 쥐의 해마를 연구하고 있었다. 이들은 쥐에게 공포 기억을 학습시킨 후 기억저장 신경세포들 사이의 시냅스들을 분석하였다. 공포 기억이 수상돌기 가시의 밀도와 크기를 증가시켰고, 공포 기억이 강할수록 시냅스의 수상돌기 가시가 커지는 것을 관찰하였다. 즉, 시냅스의 변화를 통하여 기억이 신경세포 사이의 접합 부위인 시냅스 중 일부에 저장된다는 연구 결과를 발표하였다(Science, 2018). 이들은 추가적인 실험을 통해서 이러한 시냅스들이 구조적 변화뿐만 아니라 기능적으로도 다름을 확인하였다.

🖋 기억의 이식

일반적으로 기억은 신경세포에 존재하는 시냅스들의 연결 방식이나 강도의 형태로 저장된다고 알려졌지만, 기억은 우리가 생각하는 것보다 훨씬 더 복잡한 과정에 의해서 이루어지는 것으로 생각하고 있다. 따라서 기억을 이식하는 것은 공상과학소설 속에서나 가능한 것으로 여겨져 왔으나 최근에는 동물을 이용한 기억 이식에 관한 연구들이 진행되고 있다.

글랜즈먼(Glanzman) 등은 달팽이를 대상으로 재미있는 실험을 하였다. 그들은 달팽이에게 일정한 시간적 간격을 두고 전기 자극을 반복적으로 준 다음 달팽이가 수축 상태로 머물러 있는 시간을 측정하였다. 일반적으로 자극을 받아 본 적이 없는 달팽이는 약 1초간 수축 상태로 있다가 원상 복귀하는 반면, 지속해서 자극을 받은 달팽이는 약 50초 동안 수축 상태로 있는 것을 확인하였다. 달팽이에 학습을 통한 기억을 주입한 것이다.

이후 실험에서는 학습이 된 달팽이로부터 RNA를 추출하여 학습이 되지 않은 달팽이에게 주입하고 전기자극을 주었더니 예전에 전기 충격을 받은 경험이 없었는데도 달팽이가 약 40초 동안의 수축 반응을 보였다. 이와는 달리 학습이 되지 않은 달팽이로부터 추출된 RNA를 학습이 되지 않은 달팽이에게 주입하고 전기자극을 주었더니 자연 상태의 달팽이와 동일한 수준인 1초 정도의 수축 반응을 보였다. 이를 통하여 기억 전달의 주체는 신경세포 안의 RNA라는 생각을 하였다.

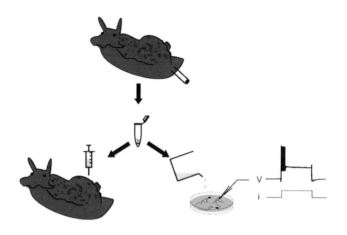

　글랜즈먼 등은 이 수축 반응이 신경세포에서의 변화가 아닌, 단순한 근육 세포에서의 어떤 발현 변화에 의한 수축일 가능성일 수도 있다고 여겨서 추가 실험을 설계하였다. 일단 여러 개의 배양 접시에 학습이 되지 않은 달팽이의 신경세포만을 뽑아서 배양하였다. 그리고 학습이 된 달팽이로부터 신경세포의 RNA와 운동 세포의 RNA를 추출하였다. 추출한 RNA를 배양 접시에 주입한 후 전기 자극을 주었을 때 신경세포의 RNA가 들어간 배양 접시의 세포들만 전기 자극에 강한 반응을 나타내었고 운동 세포의 RNA가 들어간 배양 접시의 신경세포들은 아무 반응이 없었다. 즉, 이를 통해 기억의 전달 주체가 신경세포에 존재하는 RNA라는 것을 확인하였다(eNeuro, 2018).

　이 실험을 통하여 신경세포의 핵 안에 주로 존재하는 RNA들을 통해서도 기억이 존재할 수 있으며, 심지어는 기억을 다른 개체에 전이시키는 것도 가능하다는 것을 확인하였다.

6. 뇌 신경세포의 생성

🧬 해마의 제거

　사람들에게 해마에 관해서 묻는다면 어떤 대답이 나올까? 어떤 사람들은 바다에 살며 말을 닮은 해양생물인 해마에 관해서 이야기할 것이고, 또 어떤 사람들은 뇌 속에서 중요한 역할을 하는 신체 기관인 해마에 관해서 이야기할 것이다. 뇌의 소기관인 해마를 따로 떼어 놓으면 해양생물인 해마를 매우 닮았다.

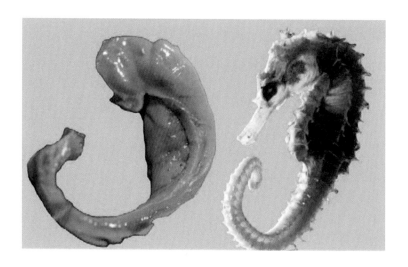

　해마는 그리스어로 말을 뜻하는 히포스(hippos)와 바다의 괴물

이란 뜻의 캄포스(kampos)로 이루진 용어로 1587년에 아란지(Aranzi)에 의해서 처음으로 사용되었다. 1729년에 독일의 해부학자 두베르노이(Duvernoy)는 처음으로 뇌의 해마를 그림으로 그렸고 20세기 초까지만 해도 해마는 후각을 담당한다고 믿었다. 이후 과학자들은 해마가 제거된 몰라이슨(Molaison)의 일생을 통해서 해마가 어떤 일을 하는지에 대해서 알게 되었다.

몰라이슨은 만성적인 간질 발작을 치료하기 위해서 27세인 1953년에 뇌수술을 받았는데 스코빌(Scoville)이 당시 그의 수술을 맡았다. 스코빌은 그의 발작이 좌우 중앙 측두엽의 일부 뇌 조직에서 기인한다고 판단하여 양쪽 해마 부위를 제거하였다. 수술 후 간질은 대부분 치유되었으나, 문제는 기억에 관여하는 부위인 해마가 제거되면서 몰라이슨이 수술 이후에 새로운 장기 기억을 형성하지 못하게 되었다는 점이다.

그와 이야기를 나누던 의사가 방을 나갔다가 잠시 후에 돌아오면 "안녕하세요? 처음 뵙겠습니다." 하는 식이었다. 그는 새로운 기억을 형성하지 못했을 뿐만 아니라 미래의 일을 계획하지도 못하였다. 그는 "내일 뭐할 거예요?"라는 단순한 질문에도 대답하지 못했으며, 씻고 밥 먹는 것 같은 일상적인 활동조차 떠올릴 수 없었다.

결국 몰라이슨은 1953년에 갇혀서 살게 되었다. 조금 전에 일어난 일조차 기억을 하지 못했기 때문에 학습 효과가 없었고 평생 같은 질문과 행동을 되풀이하는 비정상적인 생활을 하게 되었다. 그는 마치 현재에 갇혀 있기라도 한 것처럼 3년을 살고 이사한 후 그의 집의 구조도 못 그릴 정도로 과거도, 미래도 생각할 수 없었다. 이를 통하여 해마는 새로운 사실을 학습하고 기억하는 기능을 하는 중요한 역할을 하며 해마가 손상되면 새로운 정보를 기억할 수 없게 된다는 것을 알게 되었다.

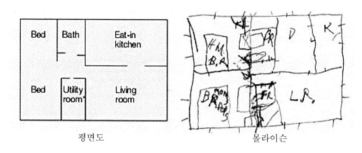

평면도   몰라이슨

몰라이슨의 연구는 뇌 과학이 한층 더 발전할 수 있게 하였고 최근에는 몰라이슨의 뇌가 디지털로 복원되면서 기억과 학습에 관련된 뇌 연구 분야에 도움이 될 것으로 보인다(Nature 2014).

해마는 대체로 부호화된 정보를 저장하고 있다가 대뇌피질로 보내 장기기억으로 만드는데 이러한 과정을 기억의 응고화라고 한다. 기억의 응고화가 잘 안 되면 기억의 망각이 빠르게 일어나며 기억의 유지가 힘들게 된다. 그리고 알츠하이머 같은 뇌 질환이 진행될 때 가장 먼저 손상되는 곳이 바로 해마이다. 그래서 해마가 상대적으로 큰 사람은 치매가 진행돼도 기억력이 감퇴하는 증상이 크게 나타나지 않을 수도 있다. 또 평소에 뭔가를 잘 잊어버리는 사람은 해마가 상대적으로 작은 경우가 많다고 한다.

🖋 뇌 신경세포의 형성

줄기세포는 분열할 때, 자기 자신 또는 다른 종류의 세포를 만들 수 있다. 피부에 있는 줄기세포가 새로운 피부세포를 만들어 내듯이, 동물실험에서 해마 부위에 신경 줄기세포가 새로운 신경세포를 만들고 신경회로의 변화를 일으킨다는 것이 밝혀져 왔다. 이를 통하여 동물의 뇌에서 새로운 신경세포의 생성이 일어난다는 통설이 대체로 받아들여졌다. 하지만 동물과 다르게 성인의 뇌에서는 신경세포가 새로 만들어지지 않는다는 생각은 신경과학의 성립 이후 100여 년간 이어져 왔다.

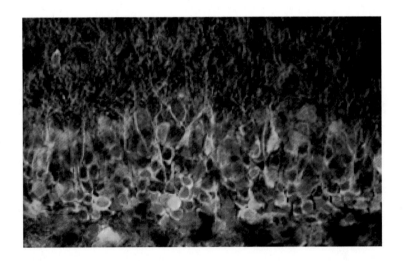

사람 뇌의 새로운 신경세포에 관한 연구가 나온 건 1998년이었다. 게이지(Gage) 등은 암 환자들을 대상으로 암세포 증식 정도

를 확인하고 있었다. 그들은 분열하는 세포에만 착색되는 물질(BrdU)을 이용하여 착색된 세포들을 확인하는 과정에서 인간의 해마에서 착색(적색)된 신경세포를 발견하였다(Nature, 1998). 이는 인간의 뇌에서도 신경세포가 생성된다는 사실을 의미하였다. 무엇보다 이들 암 환자들의 연령대가 50대에서 70대에 걸쳐 있었기 때문에 신경세포가 태어난 이후 죽을 때까지 새로 태어난다는 것은 중요한 발견이었다. 에릭슨(Eriksson) 등도 탄소 연대측정법을 응용해 사망자 뇌의 해마에서 신경세포의 생성 시기를 추적해 보니 많은 신경세포가 생애 내내 생성되는 것으로 보인다는 연구 결과를 발표하였다(Cell, 2013).

이들의 연구를 통하여 동물의 뇌처럼 인간의 뇌에서도 해마의 새로운 신경세포 생산을 위한 능력이 나이에 따라서 감소하지만 새로운 신경세포를 매일 수백 개씩 만들어낼 거라고 과학자들은 생각했었다.

🦅 끝나지 않은 논쟁

그러나 게이지나 에릭슨의 연구와 너무 다른 연구 결과가 버일라(Buylla) 등에 의해서 발표되었다. 버일라 등은 태아부터 77세 나이대의 다양한 사망자와 뇌전증 환자 등 59명의 해마 일부 조직을 분석하였다. 샘플 분석을 통해 그들은 사람이 태어났을 때 해마에 있는 가로세로 1㎜ 크기의 조직 안에서 평균 1,618개의 새로운 신경세포(초록)를 발견하였다.

하지만 이 신경세포는 새로운 신경회로의 변화(가소성)를 일으키지 못했고 7세가 되면 젊은 신경세포의 수가 23분의 1로 줄어드는 것으로 나타났다. 그리고 10대 초반이 되면 해마에서 새로운 신경세포 생성이 완전히 사라지는 것으로 조사되었다. 이에 따라 새로운 신경세포가 마지막으로 발견된 나이는 11세에서 13세라는 내용을 발표하였다(Nature, 2018).

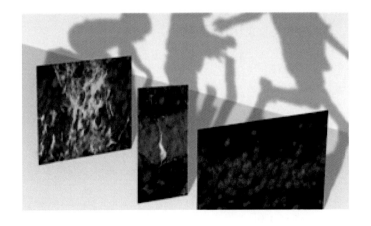

연구 결과는 학계를 놀라게 하기에 충분하였다. 버일라 등은 새로운 신경세포는 태아와 갓난아기에게서 다량으로 발견됐지만, 이후부터는 급격히 줄어들고 18살 이상의 뇌에서는 전혀 발견되지 않았다고 밝혔다. 이는 나이와 상관없이 기억과 학습을 담당하는 뇌의 해마에서 꾸준히 신경세포가 만들어진다는 그동안의 통설을 뒤집는 것이었다.

과학자들은 성인이 되어도 만들어지는 신경세포를 이용해 알츠하이머나 우울증과 같은 뇌 질환을 치료하려고 했기 때문에 이 연구 결과가 몰고 온 파장은 컸다. 이 연구 결과가 사실이라면 그동안 과학자들이 시도한 뇌 질환 치료가 의미가 없는 일이었기 때문이다. 하지만 기증받은 뇌는 뇌전증을 앓고 있었던 환자였던 만큼 사망 직전에 극도의 스트레스나 우울증 등이 영향을 줬을 수도 있다고 버일라 등의 연구가 가진 한계점을 지적하는 과학자들도 있었다.

볼드리니(Boldrini) 등은 버일라 등이 발표한 논문의 한계를 보완하는 연구를 하기 위해서 두뇌 은행을 세우고 기증자에 대한 광범위한 임상 정보를 수집하였다. 볼드리니 등은 건강하게 살다가 갑자기 죽음을 맞이한 14~79세 나이대의 28명을 대상으로 신경세포의 생성에 대해 연구하였다. 이들은 새로운 신경세포의 생성에 영향을 미칠 수 있는 우울증을 앓지도 않았으며 항우울제 복용도 없었다. 볼드리니 등은 해마가 너무 커서 신경세포를 하나하나 헤아리고 분석하는 것은 비현실적이어서 해마에 있는 신경세포 발생을 양으로 확인하는 방법을 개발하였다.

그들은 작은 부분을 검사하고서 이를 바탕으로 수학적인 모델을 사용해 서로 다른 유형의 세포 수를 계산하고 해마 전체에 있는 특정 단백질의 분포를 계산하였다. 생성된 신경세포와 전체 해마의 혈관 상태 등을 계산한 결과 성인의 뇌에도 버일라 등의 연구 결과와는 다르게 수천 개의 새로운 신경세포가 만들어지는 것을 발견하였다. 하지만 고령일수록 혈관 발달이 적었고 오래된 해마의 신경세포는 가소성과 관련된 단백질의 합성이 낮은 것으로 나타났다(Cell Stem, 2018).

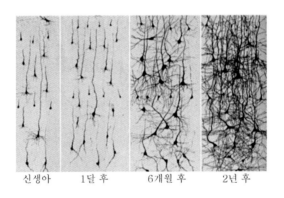

신생아　　1달 후　　6개월 후　　2년 후

이들의 연구 결과처럼 성인의 뇌에서 새로운 신경세포의 생성에 대한 논쟁은 아직 정리되지 않았다. 그러나 보편적으로는 성인도 운동을 꾸준히 하면 해마 부위에서 늙은 신경세포 간에 새로운 시냅스가 만들어지고, 뇌로 가는 혈류량을 증가시켜 뇌 세포에 더 많은 영양과 산소를 공급함으로써 뇌 기능이 향상된다고 알려져 있다.

7. 뇌사와 신경세포

🎋 뇌사와 식물인간

　뇌를 외형에 따라서 분류하면 대뇌, 소뇌, 뇌간으로 나누어진
다. 대뇌는 두개골의 대부분을 차지하며 기억력, 문제해결, 사고,
느낌에 관여한다. 소뇌는 머리 뒤쪽 대뇌의 밑부분에 있으며 몸
의 균형과 각 기관의 공동작용에 관여한다. 그리고 뇌간은 뇌의
가장 아랫부분으로 중뇌, 교뇌, 연수로 구성되어 있다. 뇌간 안에
는 신경세포의 집합체인 신경핵 축삭돌기와 신경섬유로 구성된
신경 다발이 있어서 대뇌와 척수 사이에서 소통을 원활하게 해
주고, 소뇌와 대뇌, 소뇌와 척수의 신호를 중계하는 역할을 한다.

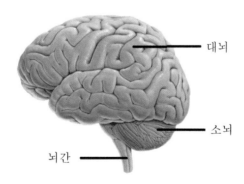

1968년, 하버드 의과대학은 특별보고서를 통해 뇌사를 비가역적 혼수상태(Irreversible Coma)라고 정의하였는데 이는 뇌가 영원히 기능을 상실한 상태를 말한다. 특히 심장 박동이나 호흡처럼 생명 유지에 필수적인 역할을 하는 뇌간이 죽은 것을 뇌사로 보고 있다. 따라서 뇌사가 일어나면 필연적으로 심장이 멎어서 죽음에 이른다. 인공호흡기에 의해서 얼마 동안 호흡과 심장 박동을 연장할 수는 있지만, 회복할 가능성은 없다.

이에 반해서 식물인간은 뇌 일부가 손상을 입어 의식은 없지만, 뇌간은 생생하게 살아있다. 인공호흡기가 없어도 자발적으로 호흡할 수 있고, 가끔 눈을 깜박이거나 신음을 내기도 한다. 수개월이나 수년 뒤에 기적적으로 깨어나는 경우도 종종 있어서 식물인간과 뇌사는 다른 개념이다.

🖋 뇌사 신경세포

포유류의 뇌는 산소의 농도에 민감해서 산소 공급이 사라지면 뇌의 전기신호가 수초 안에 사라지게 된다. 따라서 많은 과학자가 뇌사 이후 뇌의 신경세포는 죽는 속도가 빠르고 되살릴 수도 없다고 여기는 게 통설이었다.

세스탄(Sestan) 등은 기존의 이론을 검증하는 실험을 하기 위해서 죽은 지 4시간이 지나 뇌사 판정을 받은 돼지의 뇌를 분리하였다. 분리된 뇌를 인공 혈액이 담긴 수조와 기다란 관으로 구성된 브레인엑스(BrainEx)에 넣고 화학 처리하였다. 브레인엑스에 있는 관을 돼지 뇌의 주요 동맥에 연결한 뒤 맥박이 뛸 때 혈액순환이 되는 것과 같은 방식으로 인공 혈액을 뇌에 집어넣었다. 즉, 뇌사 판정을 받은 뇌에 마치 살아 있을 때와 마찬가지로 산소가 포함된 혈액을 집어넣은 셈이었다. 세스탄 등이 개발한 인공 혈액에는 산소와 함께 혈액 대체재 역할을 하는 물질이 들어있었다.

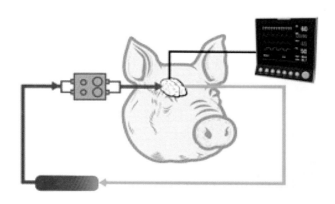

6시간이 지난 뒤, 세스탄 등은 죽은 돼지의 뇌에서 죽어가는 해마의 신경세포(그림 녹색) 수가 줄어들면서 혈관과 일부 뇌 활동이 회복되는 것을 관찰하였다. 즉, 뇌의 신경세포를 이어 주는 시냅스가 작동하고 일반적인 뇌가 쓰는 만큼의 산소를 소비하였고 뇌세포가 살아 있을 때 발생하는 전기 신호도 잡혔다(Nature, 2019).

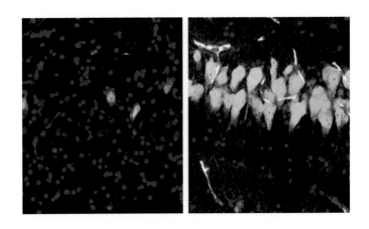

이 연구를 통해서 뇌 신경세포의 죽는 속도가 알려진 것처럼 빠르지 않고, 단계적이고 뇌 속의 신경세포 연결망을 되살릴 수 있다는 걸 알게 되었다. 아직 동물실험 수준의 결과지만, 기술이 더 발전하면 심장마비와 같이 뇌에 혈액이 제대로 공급되지 않아 위급 상황에 놓인 환자도 이 방식을 활용해 뇌 손상 정도를 줄일 수 있을 것이라는 분석이다.

하지만 이번 연구가 질병 치료에 대한 장밋빛 미래만 던져 주지는 않는다. 세스탄 등이 돼지의 뇌가 의식을 찾을 수도 있다는 우려 때문에 미리 뇌 활동을 저해하는 약물을 투여했듯이, 죽은 세포를 되돌렸다는 점에서 삶과 죽음을 규정하는 윤리적인 문제에 대한 논란을 불러일으킬 수 있다.

8. 바이러스를 닮은 뇌 기억 유전자

✒ 단백질 이동

세포에는 유전자인 DNA가 들어 있는 핵이 있다. 핵 속에서는
DNA 정보를 활용해서 RNA를 만들고 핵을 빠져나온 RNA에 리
보솜이 달라붙어서 단백질이 만들어진다.

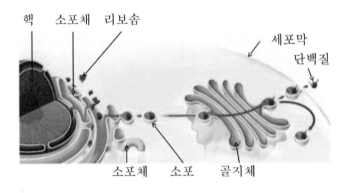

클로드(Claude) 등은 리보솜에 의해 만들어진 단백질이 소포체
주머니 구조 속으로 들어간 뒤에 다시 골지체로 이동한다는 사실
을 발견하였다(노벨상, 1974). 그러나 수많은 단백질이 세포 안과
밖으로 적절하게 이동되어야 생명현상을 유지할 수 있는데 어떻

게 단백질이 필요한 위치로 정확하게 이동하는지는 의문으로 남아 있었다.

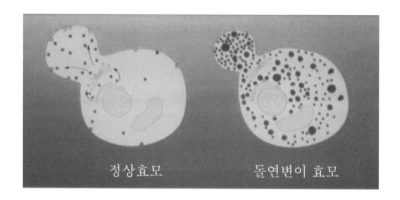

세크먼(Schekman) 등은 효모를 관찰하던 중에 세포 안과 밖에서 세포들끼리 작은 주머니(소포)에 물질을 담아서 주고받는, 이른바 세포 간 배달 현상을 발견하였다. 정상 효모 세포는 물질을 담은 소포들이 세포막을 비롯해 여기저기로 이동되어 분자 물질을 분비하지만, 그런 배달 시스템이 망가진 돌연변이 효모는 소포들이 제대로 이동하지 못해 효모 세포 안에 물질이 쌓이는 것을 알아내었다. 특히 세크먼 등은 효모의 실험에서 특정 단백질이, 바이러스들이 다른 세포로 옮겨가는 과정에서 자신들의 유전체를 보호하기 위해서 유전체를 단백질 껍질로 감싸는 것과 같은, 캡시드 방식으로 신경세포 사이에 배달되는 것을 처음으로 밝혀내었다(노벨상, 2013).

캡시드

생명체의 일반적인 특징은 스스로 먹이를 섭취하고 소화 과정을 통해 얻은 에너지를 이용해서 번식하는 것이다. 하지만 바이러스는 스스로는 번식하지 못하는 분자 덩어리이다. 그러나 숙주세포에 침투하면 숙주의 효소와 세포 기관들을 이용해서 자신의 유전 정보(유전체)를 복제하며 급속히 번식한다. 기생하지 않을 때는 생물체로서의 기능을 전혀 하지 않고, 결정 상태로 추출할 수도 있다. 따라서 생물과 무생물의 경계에 모호하게 걸쳐져 있다.

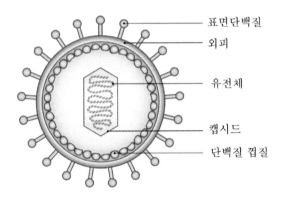

바이러스는 핵산(DNA나 RNA)으로 이뤄진 유전체를 캡시드 (capsid)라고 부르는 단백질 껍질이 감싸는 구조로 되어 있다. 상당수의 바이러스는 축구공과 같은 정이십면체의 캡시드를 가지고 있지만, 크기는 훨씬 작아 축구공 지름의 1,000만 분의 1 수준인 수십 나노미터(㎚)에 불과하다. 최근에 과학자들은 바이러스

캡시드의 3차원 구조를 해석했지만, 바이러스 내부의 유전체의 3차원 구조에 대해서는 밝혀지지 않은 상태였다.

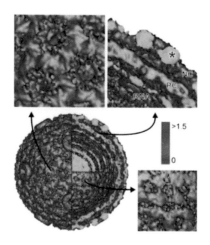

칭화대학의 리우(Hongrong Liu) 등은 RNA 바이러스 캡시드 내부 유전체의 3차원 구조가 다층구형을 나타낸다는 것을 최초로 발견하였다(Science, 2015). 이들의 연구는 바이러스 내부 유전체는 실패에 줄을 감은 모양의 배열을 나타낸다는 기존의 주류 견해를 뒤엎었다.

⚡ Arc 단백질

식물과 동물의 유전체에는 수억 년 전에 통합된 바이러스의 흔적이 남아있다. 이 같은 바이러스의 흔적들은 대부분 비활성화되어 있다고 알려져 있다. 그러나 최근의 연구에 따르면 유전체 일부가 세포가 상호 간에 소통할 수 있도록 하는 유전자로 진화하였다고 한다. 대표적인 단백질로 세포 간의 의사소통에 관여하는 Arc(Activity-regulated cytoskeleton) 단백질이 있다. Arc 단백질은 신경세포 사이에서 기억의 전달 물질로 쓰일 만큼 완벽한 속성을 지니고 있어서 과학자들은 Arc 단백질이 학습과 기억에 어떤 메커니즘으로 작용하는지 관심을 가지게 되었다.

Arc 단백질을 연구하던 셰퍼드(Shepherd)와 톰슨(Thomson) 등은 주로 기능적 수하물을 운반하는 매개체로 알려진 세포외 소포(EV)가 거품 모양으로 뭉쳐서 세포로부터 떨어져서 전신을 떠다니는 현상을 발견하였다. 그러나 EV의 기능은 자세히 알려지지 않았었다.

세포외 소포

쥐를 이용하여 EV를 연구하던 셰퍼드는 신경세포에서 방출된 EV들 중 상당수가 Arc라는 유전자를 포함하고 있는 것을 발견했는데, Arc가 결핍되도록 조작된 쥐들은 장기기억을 형성하는 데 문제가 있었다. 또한, 쥐의 신경세포를 Arc 단백질 배양액에 넣어 두었더니 다른 신경세포에서 나온 EV를 흡수한 신경세포들이 발화된 다음 유전물질을 이용하여 단백질을 만들어내는 것으로 나타났다.

초파리를 이용하여 세포외 소포를 연구하던 톰슨(Thomson) 등도 초파리 신경세포 실험에서 EV가 근육세포에 도착하면 근육세포의 막과 융합하여 Arc 단백질과 유전물질을 전달하는 것을 발견하였다. 또한, Arc 단백질이 결핍된 초파리는 뉴런과 근육 간의 연결이 덜 형성되는 것을 관찰하였다. 그러나 근육세포가 Arc 단백질 및 유전물질을 갖고서 무슨 일을 하는지는 밝혀내지 못하였다.

또한, 두 연구팀이 고해상도 현미경으로 Arc 단백질을 관찰해 보니 캡시드와 비슷한 것을 형성하여 유전물질을 운반하는 것을 관찰하였다(Cell, 2018).

두 실험은 쥐와 초파리에서 이뤄졌지만, 사람 유전자에도 Arc 단백질과 비슷한 바이러스 계열의 유전자가 100여 개나 더 있는 것으로 알려져 있어 세포 사이에서 물질을 운반하는 바이러스성 단백질이 더 있으리라는 추정도 할 수 있다. 만일 다른 단백질에서, 다른 부위 세포들에서 비슷한 현상이 발견된다면 우리 몸을 이루는 세포들끼리 물질과 정보를 주고받는 과정, 즉 기억과 인지에서 Arc 단백질의 역할과 유전물질이나 약물을 세포 안으로 안전하게 나르는 운반 수단 등에 대해서 새롭게 이해할 수 있을 것이다.

II

살아있는
DNA

1. DNA

우리 몸은 세포들로 구성되어 있고 각각의 세포들은 DNA를 가지고 있는데 DNA는 1869년에 미셔(Miescher)가 처음으로 발견하였다. 그는 병원에서 버려진 붕대에서 채취한 고름의 세포를 조사하던 중에 고름의 세포가 당시에는 알려지지 않은 산성을 나타내며 인을 함유하고 있다는 것을 알게 되었다. 그는 이 물질을 뉴클레인(nuclein)이라고 불렀는데, 이것이 바로 DNA였다. 1899년에 알트만은 뉴클레인이 핵 속에 들어 있는 산성 물질을 뜻한다는 의미를 붙여서 핵산(nucleic acid)이라고 불렀다.

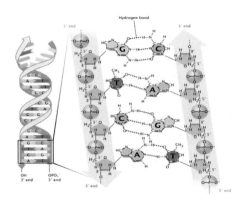

DNA는 염기가 서로 쌍을 이루며 배열된 이중-나선 형태의 구조물로 뉴클레오티드라고 불리는 기본 단위로 구성되어 있다. 세포 안에서 자유롭게 떨어져 있는 뉴클레오티드들은 한쪽에 아데닌(A), 구아닌(G), 시토신(C), 티민(T) 가운데 하나의 염기를 가지고 옆에는 자신과 짝이 되는 염기와 한 줄로 나란히 늘어서 있다.

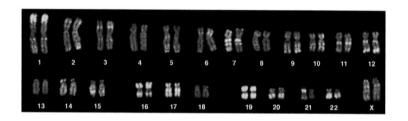

DNA가 분열할 때 유전물질인 DNA가 다른 세포로 잘 전달되게 하려고 DNA가 뭉쳐져서 포장된 것을 염색체라고 한다. 우리 몸의 세포마다 23쌍의 염색체(총 46개)가 들어 있는데 각 염색체 쌍 중에서 어머니와 아버지로부터 각각 하나의 염색체를 물려받는다. 성염색체인 X와 Y를 제외하고, 각 세포의 유전자에는 두 개의 복사체가 있다. X와 Y 염색체는 아기의 성별을 결정하는데 Y 염색체(XY)를 가진 아기는 남자이고 Y 염색체가 없는 아기는 여자(XX)이다.

🖋 텔로미어

1960년까지 과학자들은 척추동물의 세포를 시험관 내에서 키우면 영원히 죽지 않고 분열한다고 믿었다. 그러나 1961년에 헤이플릭(Hayflick)은 사람의 정상 세포를 키웠는데, 그 어떤 방법으로도 세포를 영원히 자라게 할 수 없었고 마치 세포가 분열 회수를 기억하고 있는 것 같은 현상을 관찰하였다. 그는 이 연구를 바탕으로 세포의 수명이 끝날 때까지 DNA 일부가 계속 소실될 것이라는 가설을 세웠다.

1970년에는 왓슨(Watson)도 세포가 분열을 반복하다 보면 DNA의 일부분은 복사되지 않아 세포 분열이 지속될수록 염색체가 짧아져야 한다며 DNA 복제상의 문제점을 제시하였다. 세포 분열을 통해 염색체가 짧아진다는 사실은 세대가 거듭될수록 우리의 유전정보가 없어진다는 것을 의미하는데 실제로는 세대가 거듭된다고 해서 유전정보가 없어지지는 않으므로 기존의 DNA 복제이론은 보완이 필요하였다.

1938년 뮬러(Muller), 1939년 매클린톡(McClintock)은 염색체의 끝부분에 존재하는 반복적 염기서열의 존재를 제안하였다. 매클린톡은 염색체의 끝부분이 제거된 염색체는 세포 분열 과정에서 DNA를 복제하지 못하고 서로 엉겨 붙는 현상을 관찰하였다. 또한, 그는 염색체의 끝부분은 다른 부분들과 달리 특이하고 매우 안정적이라는 것을 관찰하였다. 비슷한 현상을 관찰했던 뮬러는 그리스어로 끝부분을 의미하는 텔로미어(Telomere)라는 어원을 제안하였다.

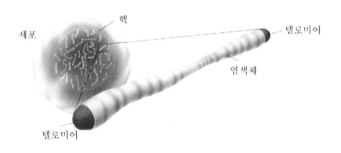

이들의 텔로미어 발견으로 과학자들은 세포 분열 시 유전정보가 없어지지 않고 안정된 형태를 유지하는 이유가 텔로미어 때문이라고 생각하게 되었다. 하지만 풀리지 않는 의문점은 '텔로미어의 유전자 구조는 왜 다른 부분과 특이하게 다르며 이것들의 실질적인 기능은 무엇일까?' 하는 것이었다.

단세포 동물인 테트라하이메나(Tetrahymena)의 텔로미어의 기능을 연구하던 블랙번(Blackburn) 등은 1978년에 테트라하이메나의 텔로미어를 분석하던 중 특정서열(CCCCAA')이 계속 반복되는 형태로 반복 정도가 일정치 않다는 사실을 관찰하였다. 이를 바탕으로 그들은 텔로미어는 유전정보가 담긴 DNA를 끝까지 복제되도록 보호하는 역할을 한다는 가설을 세우고 이를 확인하는 실험을 진행하였다.

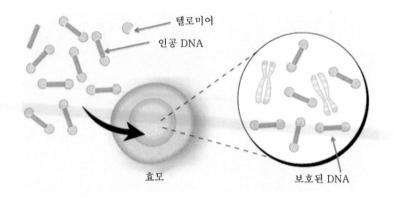

텔로미어
인공 DNA
효모
보호된 DNA

블랙번 등은 인공적으로 DNA 단일 가닥을 만들어서 효모에 넣었더니 쉽게 분해되었지만, DNA 단일 가닥 양 끝에 테트라하이메나 DNA에서 분리한 텔로미어 조각을 붙인 뒤에 효모에 넣었더니 쉽게 분해되지 않는 것을 관찰하였다. 이 실험을 통하여 그들은 텔로미어가 DNA를 보호하는 역할을 한다는 사실을 확인하였다(노벨상, 2009).

그 후 덴치(Denchi) 등은 텔로미어의 길이를 미세하게 조정하는 TZAP(telomeric zinc finger-associated protein)를 발견하였는데 이 단백질이 염색체의 끝부분에 결합해 있으면서 텔로미어 길이의 상한선을 설정해서 너무 길어지지 않도록 한다는 사실을 관찰하였다(Science, 2017).

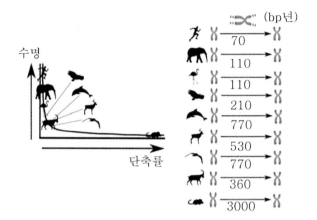

텔로미어 단축이 종의 수명을 예측하는 단일 매개 변수가 될 수 있는지를 결정하기 위해서 휘트모어(Whittemore) 등은 매우 다른 수명과 신체 크기를 가진 다양한 종의 텔로미어 길이를 병렬로 측정했다. 이들은 연구를 통해서 텔로미어 단축률과 종의 수명 간에 상관성이 있음을 발견하였다(PNAS, 2019). 그러나 초기 텔로미어 길이가 종의 수명을 결정하는 보편적인 요인인지에 대해서는 많은 의문이 제기되고 있다.

🦴 텔로머레이스

텔로미어는 세포의 시계로서 각 개인은 일정한 길이의 텔로미어를 가지고 태어나며, 세포가 분열될 때마다 텔로미어가 점점 짧아진다. 일정한 횟수의 세포 분열이 지나면 텔로미어의 길이는 아주 짧아지게 된다. 이렇게 짧아진 텔로미어는 더 이상 염색체의 말단을 보호할 수 없게 되어 그 세포는 분열을 멈추고 죽게 된다(인간의 보통 세포의 경우 약 50번 정도 세포 분열을 한다). 이것이 세포가 노화되는 과정이고 이러한 세포 소멸은 자연적인 현상이기 때문에 과학자들은 텔로미어를 생명의 시계라고 부른다. 그러나 예외적인 경우도 있는데 대표적인 세포가 생식세포다. 세포가 분열될 때마다 부모의 생식세포가 짧아진다면 부모의 짧아진 텔로미어가 그대로 자식에게 전달되면서 자식의 신체 나이가 부모와 같아져야 하겠지만, 그런 일은 일어나지 않는다.

예외의 경우에도 불구하고 과학자들은 텔로미어의 길이 조절을 이용해 노화를 늦추는 방법을 연구해 왔다. 이준호 등은 평균 2주밖에 살지 못하는 꼬마선충의 텔로미어가 길어지도록 유도했더니 약 15~20% 더 오래 살고 활동량도 늘어난다는 사실을 발견하였다(Nature, 2004). 이후 연구를 통해 나이와 상관없이 텔로미어가 짧아지고 세포가 죽는 과정에서 텔로미어의 길이가 짧은 사람이 텔로미어의 길이가 긴 사람에 비해 노화가 빨리 온다는 것을 알게 됐다. 따라서 많은 과학자가 텔로미어 길이 신장에 관심을 가지게 되었다.

1984년에 그레이더(Greider)는 텔로미어에 길이를 신장시키는 특별한 효소가 있어서 텔로미어가 안정적이라는 가설을 세웠다. 그는 실험을 통해서 텔로미어의 길이를 신장시키는 효소를 확인하고 이를 텔로머레이스(Telomerase)라고 하였다. 그러나 그레이더는 실험으로 텔로머레이스의 존재와 기능까지는 알아냈지만, 작용과 구조는 밝혀내지 못하였다.

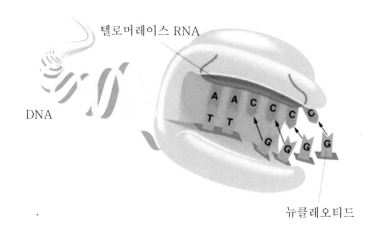

1985년에 블랙번 등은 텔로머레이스가 텔로미어를 복구할 수 있으며, 이를 통해 세포의 수명을 연장할 수 있다는 것을 밝혀냈다. 그 후 추가적인 실험을 통하여 텔로머레이스는 RNA와 단백질로 구성되어 있고 텔로머레이스 RNA에는 텔로미어의 반복 염기 구조와 상보적인 염기 구조가 포함되어 있다는 것을 관찰하였

다. 이를 통해 과학자들은 텔로머레이스의 RNA가 텔로미어 복제에 관여한다는 것을 이해하게 되었다. 그 후 콜린스(Collins) 등은 텔로머레이스를 전자현미경으로 관찰해 분자구조를 해독하였다 (Nature, 2018).

그러나 인위적으로 텔로머레이스를 이용했을 때 생기는 부작용에 대한 우려의 목소리도 있다. 텔로머레이스를 사용하여 노화를 늦추는 과정에서 부자연스럽게 긴 텔로미어를 유도하는 경우 발생하는 암과 과도한 텔로머레이스로 인해 개체가 유년 시절로 돌아가는 윤리적인 문제 등 해결해야 할 문제가 많이 있다.

2. 유전자

⚡RNA

왓슨과 크릭이 유전자를 발견한 이래로 과학자들은 '인간이 어떻게 형성되었는가?'라는 연구를 통하여 신경세포, 혈액세포 그리고 근육세포 등이 줄기세포에서 분화되어 나왔다는 것을 알게 되었다. DNA 구조를 밝힌 크릭은 1958년에 DNA에 담긴 유전정보가 RNA를 거쳐 단백질로 발현된다는 중심원리를 제안하여 RNA가 유전정보를 운반 또는 전달하는 역할을 한다고 믿게 되었다.

RNA는 아데닌(A), 구아닌(G), 시토신(C), 우라실(U)의 염기가 연결된 하나의 긴 실과 같은 구조로 되어 있다. 염기의 배열 순서에 따라 RNA의 종류가 결정된다는 사실을 알고 있던 과학자들은 유전정보에 대해서 충분히 알고 있다고 생각하고 있었다.

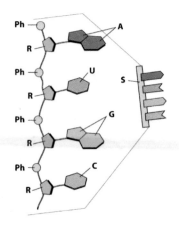

　멜로(Mello) 등은 꼬마선충의 유전자 발현 억제(RNA 간섭현상)에 대해 연구하고 있었다. 꼬마선충은 1,000여 개의 세포를 가지고 있는 암수한몸으로 난자가 수정해서 배아를 형성한 후 유충기를 거쳐 3일 만에 성체가 되고 성체 초기 3일 동안 300개의 수정란을 가질 수 있어 짧은 시간에 결과를 볼 수 있고 다양한 실험을 할 수 있어 연구하기에 적절하였다.

　멜로 등은 RNA 한 가닥을 꼬마선충에 주입하였으나 간섭현상이 나타나지 않았다. 이를 통하여 'DNA로부터 단백질로 정보가 전해지는 과정에 지금까지 알지 못했던 어떤 조절 단계가 있는 것이 아닐까?'라는 생각을 하게 되었다.

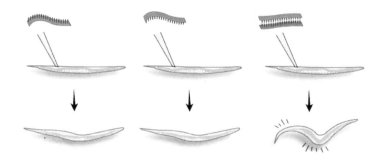

　멜로 등은 이 문제를 해결하기 위해서 시험관에서 메신저 RNA(mRNA)와 mRNA의 거울상 RNA를 결합하여 이중 나선을 형성하게 한 다음 이중 나선 RNA를 꼬마선충에 주입하였다. 이때 유전자 결함에 의한 것처럼 근육경련에 의한 몸체의 뒤틀리는 RNA 간섭현상이 나타났다.

　이 실험을 통하여 이중 나선 구조의 mRNA가 DNA의 유전정보를 단백질로 전달하는 매개체 역할을 하는 mRNA를 절단 분해하는 과정을 확인하였다. 즉, 이중 나선 구조의 mRNA가 DNA가 단백질 생성을 지시하는 과정에서 만들어진 mRNA를 분해함으로써 세포 안에서 특정 유전자가 단백질을 합성하는 것을 막는 역할을 하는 것을 발견한 것이다.

　이들의 연구를 통하여 유전정보가 DNA로부터 RNA로 복제되어 단백질이 생성되고, 이 단백질이 생명 현상에서 중요한 역할을 한다는 것이 밝혀졌다. 이후 RNA 간섭현상은 다른 연구팀에 의해 초파리 등에서도 보고됐으며 2001년에는 인간 세포에서도 확인되었다. RNA 간섭의 발견과 응용으로 유전자 발현을 간단한 방법으로 조절할 수 있게 되어 연구 시간을 단축하고 인간과 같은 복잡한 생명체도 효과적으로 조작할 수 있게 되었다.

🧬 유전자 변형

　최근 인공지능을 활용한 유전자 가위의 발달을 통해서 특정 유전자를 선택하면 컴퓨터가 정확히 찾아서 제거하거나 넣어 줄 수 있게 되었다. 이로 인해, 변형시킨 목표 유전자를 배양된 각 세포의 정확한 위치에 삽입하는 방법이 가능하게 되었다. 그러나 우리 몸을 이루는 모든 세포가 완전한 유전자를 가지고 있기에 특정 유전자를 변형시키기 위해서는 우리 몸의 모든 세포에서 동일한 유전자 변형을 일으켜야 한다. 이는 불가능한 일이었고 과학자들은 이 문제를 줄기세포가 해결할 수 있다고 생각하였다.

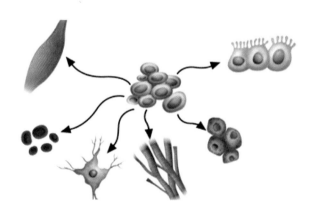

　줄기세포는 인체에 존재하는 모든 세포의 기원이 되는 세포로서 인체의 모든 종류의 세포와 조직으로 분화될 수 있다. 즉, 인체의 여러 조직의 세포로 분화할 수 있는 다분화가 가능한 세포

를 줄기세포라 한다.

줄기세포는 크게 배아줄기세포와 성체줄기세포로 나눈다. 배아줄기세포는 인간의 정자와 난자의 수정으로 생성된 수정란(배반포)에서 유래된 줄기세포이고 성체줄기세포는 인간의 여러 장기 및 기관에 존재하고 있는 줄기세포를 말한다.

막시모프(Maksimov)는 1908년에 혈액에 관해 연구를 하던 중 림프구가 혈액을 타고 순환하다가 적절한 상황이 되면 다시 다양한 세포로의 분화를 시작할 수 있다는 논문을 발표하여 줄기세포의 존재를 처음으로 가정하였다. 일종의 성체줄기세포(stem cell)를 가정하였던 그의 가설은 당시의 과학자들 사이에서 무시당하였다.

1961년에 조혈모세포를 연구하고 있던 맥컬럭(McCulloch)과 틸(Till)은 치사량의 방사선에 노출되어 골수 결핍으로 고통받고 있는 쥐에 정상 골수세포를 주사하였더니 골수 결핍증이 회복되는 것을 관찰하였다. 이 연구를 통하여 성체줄기세포의 존재가 처음으로 관찰되었다.

1981년, 에번스(Evans)는 인간의 유전자와 매우 유사한 유전자를 가지고 있는 쥐의 배아줄기세포를 최초로 발견하였다. 에번스는 이를 이용하여 완벽하게 유전자가 조작된 쥐를 만들 수 있었다.

유전자 조작 쥐를 만들기 위해서 1차로 수정 후 분열이 시작되고 2~3일이 지나면 배반포가 형성되는데 이때 배반포 내 배아줄기세포를 추출하여 배양하였다. 2차로 배양된 배아줄기세포에 특정 유전자를 제거하고 인위적으로 기능을 상실시킨 유전자를 삽입하는 유전자 조작을 하였다. 3차로 조작된 유전자를 가진 배아줄기세포를 배반포에 주입한 후 정상적인 암컷 쥐의 자궁에 이식해 일부 유전자가 변형된 2세가 태어나게 하였다. 4차로 유전자가 변형된 2세를 교배하였다.

이들의 연구는 특정 질환 유발 유전자로 의심되는 경우 그 유전자가 제거된 쥐를 만든 뒤 실제로 그 질환이 억제되는지를 확인할 수 있게 하였다. 즉, 특정 유전자의 생체 내 실제 기능을 알 수 있게 된 것이다.

🖋 회문 구조

대장균의 단백질 유전자를 연구하던 이시노(Yoshizumi) 등은 단백질 분해효소 유전자의 끝부분에 묘하게 생긴 염기서열이 붙어 있는 것을 발견하였다. 이 염기서열은 일정한 간격을 두고 DNA 염기서열이 역순으로 배치되는 ACCTAGGT와 같은 구조로 ACCT라는 DNA가 앞쪽에 나오면 이에 상보적으로 결합하는 AGGT가 이어 나오는 회문 구조(palindrome)가 반복되고 있었다.

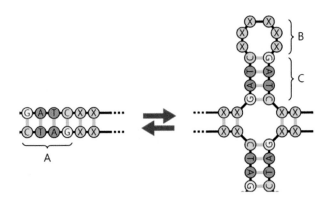

이시노 등은 "참 특이하게 생겼는데 어떤 생물학적 중요성을 가지는지 모르겠다."라는 솔직한 표현과 함께 논문을 마무리했는데 이 논문이 규칙적으로 반복되는 짧은 염기서열 덩어리를 처음으로 인지한 연구논문이었다(Journal of Bacteriology, 1987).

같은 해, 염분에 잘 견디는 해안가 박테리아의 유전체 분석 연구를 하고 있던 모지카(Mojica)도 우연히 해안가 박테리아 DNA 염기서열에서 독특하게 반복되는 구조를 발견하였다. 하지만 이 때까지도 회문 구조를 가진 유전자가 어떤 의미가 있는지, 어떤 기능을 하는지 전혀 알지 못하였다. 다만 회문 구조가 중요한 기능이 있어서 여러 미생물에서 공통으로 발견되는 것이 아닐까 예상하였지만, 당시에는 단순히 단백질의 서열을 알아내는 정도로도 충분했기 때문에 이 회문 구조 염기서열은 한동안 잊혀졌다.

이후 추가 연구를 통하여 모지카는 약 20여 종의 세균에서 같은 패턴의 회문 구조를 확인하였고 이 회문 구조의 염기서열이 박테리아를 공격하는 바이러스의 염기서열과 일치하는 것을 발견하였다. 모지카는 이를 종합하여 회문 구조가 면역체계와 관계가 있다는 논문을 발표하였다(Molecular Microbiology, 1995).

요구르트 젖산균을 연구하던 호바스(Horvath) 등도 바이러스에 의해서 떼죽음을 당한 유산균 사이에서 살아남은 일부 유산균들이 바이러스에 내성을 가진 것처럼 행동하는 현상을 발견하였다. 바이러스 공격으로부터 살아남은 일부 유산균의 DNA를 분석하니 회문 구조를 가지고 있었고 회문 구조 사이에서 바이러스 유전자를 발견했으며 이 유전자를 없애자 내성이 사라지는 것을 발견하였다.

이 현상은 고등 생물체가 바이러스나 세균에 감염되면 생체 내에 이들에 대한 항체를 만들어 두었다가 다음에 다시 이들이 침입했을 때 효과적으로 방어하는 적응면역과 같았다. 이 연구를 통하여 호바스(Horvath) 등은 유산균도 바이러스가 침투하면 바이러스의 DNA를 잘게 잘라 유산균의 유전자에 붙여넣어서 기억하고 있다가 나중에 다시 바이러스가 침입하면 DNA 형태로 기억해둔 정보를 활용해 면역작용을 하는 것을 알게 되었다.

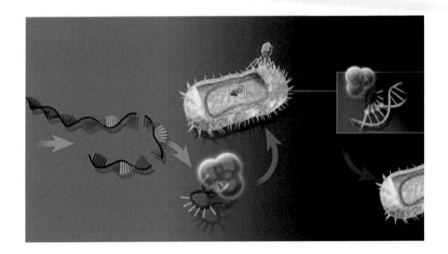

3. DNA 편집

✒ 박테리아 면역

바이러스 중엔 박테리아를 공격하는 바이러스, 즉 박테리오파지(bacteriophage)가 있다. 박테리오파지는 '박테리아'를 뜻하는 'Bacterio'와 그리스어로 '잡아먹다'라는 뜻을 가진 'phage'를 합친 말로써, 세균을 잡아먹는 생물체이지만 스스로 번식할 수 없으므로 숙주, 즉 박테리아에 기생하면서 번식한다.

바이러스는 박테리아를 감염시킬 때 박테리아의 DNA 서열에 자신의 DNA를 끼워 넣는다. 그러면 박테리아는 스스로 번식과 생명 활동을 위해 DNA를 번역하는 과정에서 자기 자신뿐만 아니라 바이러스를 생산해낸다. 이때 만약 박테리아가 바이러스를 제거하지 못한다면 박테리아는 바이러스로 가득 차 죽게 되면서 바이러스를 주변에 확산시키는 역할을 하게 된다. 그래서 박테리아는 바이러스를 방어할 자신만의 면역체계를 갖추어 왔는데 이 면역체계가 절단효소 Cas이다.

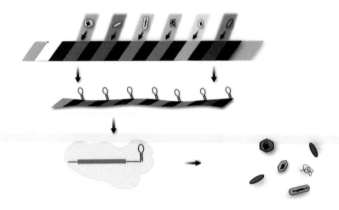

　박테리아는 바이러스가 침투하면 자신의 유전체 속 반복 서열 사이에 바이러스의 일부 DNA 조각을 잘라내어 보관해둔다. 후에 비슷한 바이러스가 다시 침입하면 절단효소 Cas로 침입한 바이러스의 유전자를 잘라서 방어하게 된다. 절단 효소 Cas에 결합하는 RNA를 바꾸면 다른 DNA 서열도 자를 수 있다는 것이 밝혀졌는데 이것이 3세대 유전자 가위로 주목받고 있는 크리스퍼 Cas9이다.

🖋 크리스퍼 Cas9

유전자 가위 기술이란 기존의 의학적 방법으로 치료가 어려운 다양한 난치성 질환에 대하여 문제가 되는 유전자를 제거하거나 정상적인 기능을 하도록 유전자의 잘못된 부분을 제거해서 문제를 해결하는 유전자 편집(Genome Editing) 기술을 말한다. 즉, 손상된 DNA를 잘라내고 정상 DNA로 갈아 끼우는 짜깁기 기술을 말한다.

유전자 가위 기술은 1세대 ZFN, 2세대 TALEN을 거쳐서 3세대 크리스퍼 Cas9으로 발전해 왔다. 1세대 ZFN과 2세대 TALEN이 그 자체로는 유전자 절단효소의 기능이 없어서 유전자 절단효소를 결합하여 제작하는 어려움이 있는 반면에 3세대 크리스퍼 Cas9은 그 자체로 유전자 절단효소의 기능이 있어서 별도의 제한효소와의 결합 과정이 필요 없다는 큰 차이점이 있다.

『Science』지에 2015년 최고 혁신 기술로 선정되기도 한 크리스퍼 Cas9은 박테리아의 면역을 이용한 유전자 가위 기술로 동식물의 유전자에 결합하여 특정 부위를 절단해 원하는 유전자를 교정하는 기술이다. 크리스퍼 Cas9은 DNA의 표적을 인식하는 부분이 크리스퍼 서열에서 유래했기 때문에 붙은 이름으로 유전자를 자르는 절단효소 Cas9과 유전자의 특정 부위만을 표적으로 하는 가이드 RNA로 구성된다.

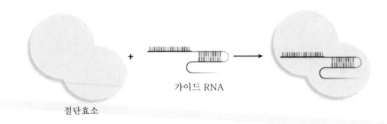

가이드 RNA

절단효소

다우드나(Doudna)와 샤르팡티에(Charpentier)는 세균을 대상으로 한 실험에서 크리스퍼 서열에서 복제된 RNA가 침입한 바이러스 DNA의 짝이 맞는 부위를 GPS처럼 찾아내고 단백질(Cas9)로 그 DNA를 잘라낸다는 사실을 밝혀냈다. 또한, 다우드나와 샤르팡티에는 RNA가 꼭 크리스퍼 서열에서 유래할 필요는 없으며 자르고 싶은 DNA와 짝이 맞도록 설계할 수 있다는 사실을 알아냈다(Science, 2012). 이들의 연구 결과는 가이드 RNA의 염기 배열과 실제 유전자를 자르는 Cas9 효소의 중합체를 인위적으로 만들 수 있게 하였다. 이를 통해서 세포의 면역 체계를 응용한 3세대 크리스퍼 Cas9의 개념이 탄생했다.

장(Zhang) 등은 크리스퍼 Cas9을 이용하여 쥐의 유전체를 잘라 교정하는 데 성공하였다(Science, 2013). 이를 통하여 인간을 포함한 살아있는 진핵세포에도 작용이 가능하다는 것이 확인되었다. 그러나 브래들리(Bradly) 등은 크리스퍼 Cas9을 이용한 쥐의 배아줄기세포와 사람의 분화 세포들을 대상으로 실험하는 과정에서 지금까지 알려진 것과 달리 크리스퍼 Cas9이 표적 주변의 염기 수천 개를 잘라내거나 재배치하는 오류를 일으킨다는 사실을 확인하였다(Nature, 2018). 또한, 브래들리 등은 표적 주변에서 일어나는 대량의 DNA 변화가 유전자 치료 대상이 되는 수많은 세포 중에서 암 발병으로 진행되는 세포가 생겨날 가능성도 배제할 수 없다고 하였다.

크리스퍼 Cas9은 현재까지 가장 앞서 있는 기술이지만 유전자 교정 과정에서 목표로 하지 않은 유전자까지 잘라버리기에 의도치 않은 변이를 유발한다. 따라서 인간 유전자 질환 치료에 직접 적용하기엔 아직까지 위험성이 높은 것으로 알려져 있어서 안전성에 대한 추가적인 연구가 필요하다.

🦠 개량 크리스퍼

장 등은 박테리아에서 Cas9을 대신할 절단효소를 찾던 중 Cpf1이라는 새로운 단백질을 찾았다고 발표하였다(Cell, 2015). 크리스퍼 Cas9의 가이드 RNA는 두 개의 RNA가 암호화되어 있는데, 하나는 crRNA(CRISPR RNA)고, 다른 하나는 tracrRNA(trans activating CRPSPR RNA)이다. 이에 반해 크리스퍼 Cpf1의 가이드 RNA는 crRNA와 tracrRNA를 합쳐서 하나의 RNA만을 사용하도록 하였다. 따라서 Cpf1 단백질은 Cas9 단백질과 유사하게 가이드 RNA를 사용하여 표적 유전체 서열을 인지하지만, 가이드 RNA의 길이와 크기가 작아서 좀 더 간단하게 유전체 편집을 할 수 있다. 크리스퍼 Cpf1은 유전자 인식 정확도를 높여 치료제 개발 시 안전성 문제를 개선할 것으로 기대되는 기술이다.

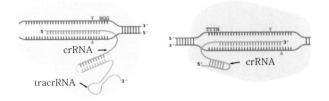

최근에는 DNA 두 가닥 모두를 자르는 기존 3세대 유전자 가위와 달리 단일 염기 하나만을 교체할 수 있는 염기교정 유전자 가위(Base Editor)가 미래의 유전자 가위로 주목받고 있다. 염기교

정 유전자 가위는 DNA 한쪽 가닥을 자르는 Cas9과 시토신을 분해하는 탈아미노 효소로 구성되어 있다. 염기교정 유전자 가위는 Cas9으로 잘린 DNA 한 가닥에서 탈아미노 효소가 시토신(C)을 우라실(U)로 바꾸면, 우라실(U)로 바뀐 염기는 DNA 복구 과정에 의해 티민(T)이 되는 원리를 이용한다.

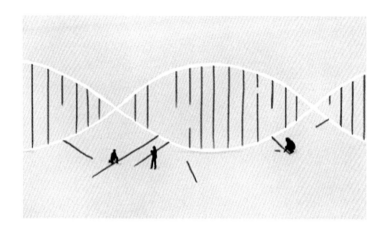

리우(Liu) 등은 가이드 RNA가 표적 DNA에 결합하고, Cas9이 DNA의 한 가닥만 자르고 나면 그사이에 탈아미노 효소가 표적 DNA에서 시토신(C)만을 찾아 티민(T)으로 바꾸는 염기교정 가위를 개발하였다(Nature, 2016). 이어서 리우 등은 아데닌(A)을 구아닌(G)으로 바꾸는 염기교정 가위를 개발하였다(Nature, 2017).

과학자들은 대부분의 유전질환이 단일 염기의 문제로 발생하기 때문에 염기교정 유전자 가위 개발이 난치성 유전질환 연구에 큰 진전을 가져올 것으로 기대하고 있다.

4. DNA 합성

🖋 인공 박테리아

현대과학은 DNA에 어떤 내용이 담겨 있는지 밝히는 유전자 분석에서 원하는 내용을 가진 DNA를 합성하는 유전자 제작으로 옮겨가고 있다. 유전자 지도를 분석하는 수준에서 벗어나 아예 사람 손으로 DNA를 합성해 새로운 생명체를 만들려고 하는 것이다.

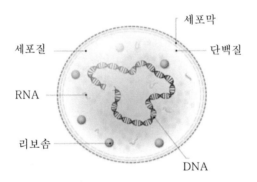

가장 작은 생명체라고 알려진 마이코플라즈마 마이코이디즈 (mycoides) 박테리아는 세포벽이 없고 1개의 염색체를 가지고 있

다. 유전자에 인간 게놈 지도를 완성한 것으로 유명한 벤터(Venter) 등은 이 박테리아의 DNA에 실험실에서 합성한 DNA를 부분적으로 이어 붙인 인공 유전자를 만들었다. 그리고 인공유전자를 마이코플라스마 카프리콜룸(capricolum) 박테리아에 주입하여 번식하는 데 성공하였다(Science, 2010). 벤터 등은 합성된 인공 박테리아를 JCVI-syn1.0이라고 명명하였다. JCVI-syn1.0은 최초의 인공 생명체였으나 세포핵이 없고 염색체 1개만 가지고 있는 아주 간단한 구조 때문에 활용성에 의문이 제기됐었다.

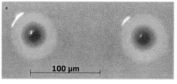

JCVI-syn1.0   마이코플라스마 카프리콜룸

현재 자연계에서 발견된 세균 중에서 유전자 수가 가장 적은 것은 마이코플라즈마 제니탈륨(Mycoplasma genitalium)인데, 유전자 수는 525개로 알려졌다. 벤터 등은 JCVI-syn1.0의 유전자 중에서 생존과 증식에 꼭 필요한 유전자만을 선택한 유전암호(genetic code)를 설계하였다. 유전암호는 아데닌, 티민, 시토신, 구아닌이라는 염기의 형태로 DNA에 저장되어 있고 세포의 모든 활동은 유전암호의 명령에 따라 이루어진다. 따라서 인공 미생물

제작에 있어 유전암호의 설계는 필수적이지만, 매우 어려운 과정이다. 벤터 등은 설계한 유전암호를 바탕으로 DNA는 53만 개의 염기로 구성되어 있고 유전자가 473개로 자연 세균보다 더 적은 유전자를 가지고 스스로 증식하는 인공 세균 JCVI-syn3.0을 제작하였다(Science, 2019).

친(Chin) 등도 기존의 대장균(E coli)의 유전암호를 읽은 후 이를 근거로 기존의 대장균과 매우 다른 패턴의 유전암호를 지닌 새로운 대장균을 재설계하였다. 친 등은 그 설계를 근거로 기존 대장균과 전혀 다른 유전자를 지닌 살아 있는 대장균 Syn61을 만들어내는 데 성공하였다. 대장균 Syn61의 DNA는 400만 개의 염기로 구성되어 있고 새로운 유전암호의 명령에 따라 단백질을 만들고 세포 활동을 하는 중이다(Nature, 2019).

대장균은 당뇨병 치료를 위한 인슐린 제조 등 다양한 암 치료제 개발 분야에서 많이 활용되고 있는데 대장균 기능 중에서 부족한 것을 보완할 경우 새로운 치료제 개발에 도움을 줄 수 있을 것으로 예상하고 있다.

✦ 인공 미생물

박테리아가 세포핵이 없는 원핵생물인 데 반하여 효모는 인간처럼 세포에 핵을 갖고 있다. 진핵생물인 효모는 크기가 3~4㎛이고 염색체는 16개로 사람(46개)에 비해서 훨씬 단순하다. 하지만 효모의 세포 속에는 비타민과 단백질 등이 풍부해 많은 분야에 활용되고 있다.

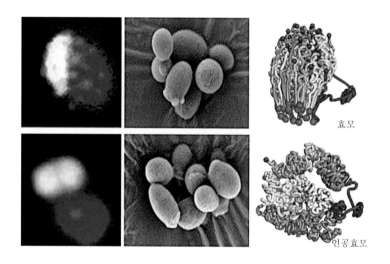

효모

인공효모

보에크(Boeke) 등은 효모의 3번째 염색체를 분석하여 생장이나 기능에 영향을 미치지 않는 DNA를 제거하는 방법을 이용하여 효모의 3번 염색체를 27만 3,871쌍의 DNA로 합성하였다. 합성한 염색체를 실제로 살아 있는 효모에 넣자 효모 세포가 분열하며 자기 복제하는 것을 확인하였다. 이를 통하여 합성된 DNA가 단순한 핵산 덩어리가 아니라 살아 있는 생명체임을 입증하였다 (Science, 2014). 자기 복제는 영양분을 흡수해 살아가는 데 필요한 물질·에너지를 만들고 남는 것은 배출하는 대사와 함께 생명 활동의 대표적인 예로 꼽힌다. 후속 연구에서 보에크 등은 효모의 염색체 중 2, 5, 6, 10, 12번 등 5개의 염색체를 합성하여 자연 상태와 완전히 다른 효모를 실험실에서 만들었다(Science, 2017). 현재 세계 각국 연구자들이 효모의 나머지 염색체를 나누어서 만들고 있다.

DNA는 지구상의 모든 생명체가 유전정보를 저장하고 다음 세대에 전달하는 복합분자로 A, C, G, T 염기 순서 조합을 이용하는데 베너(Venner) 등은 기존의 A, C, G, T 등 4가지의 염기에 구성 원자 몇 개의 종류와 수, 위치를 조금씩 바꾸는 방법으로 인공적으로 합성한 P, Z, B, C 등 4가지의 염기를 더 사용하여 8개의 염기를 가진 인공 DNA를 개발하였다.

베너 등은 이 인공 DNA에 일본어 8개의 문자를 뜻하는 하치모지(hachimoji) DNA라는 이름을 붙였다(Science, 2019). 이 인공 DNA는 기존 염기들처럼 2개씩 짝을 이뤄 상보적으로 결합하며 단백질을 합성하기 위해 RNA를 만드는 등 유전 정보를 저장하고 전달하는 것으로 나타났다. 이들의 연구를 통해 과학자들은 새로운 DNA의 형태와 크기, 구조 등의 역할을 분석함으로써 유전 정보 저장에 대한 이해를 높일 것으로 기대하고 있다.

인공 미생물을 만드는 방법은 기능이 알려진 유전물질을 표준 부품화해 필요에 따라 조립하는 방식으로 장난감 레고와 비슷하다. 바이오 브릭(Bio Brick)은 홈페이지를 통해 1,500개 이상의 생명 벽돌(바이오 브릭) 정보를 무료로 제공하고 있다. 과학자들은 컴퓨터로 이 벽돌을 조합하여 시뮬레이션을 통해 실제로 작동하는지를 확인하고 문제가 없으면 인공 DNA를 합성해 실제 미생물에 집어넣는 방법을 통하여 새로운 미생물을 만들고 있다.

🌿 오가노이드

최근 과학 분야에서의 융합과 기술혁신은 유전자 합성 비용을 획기적으로 감소시키고 정확성은 증가시켰다. 따라서 DNA에 어떤 내용이 담겨 있는지 밝히는 유전자 분석에서 원하는 특성을 가진 DNA를 합성하는 유전자 제작으로 빠르게 옮겨가고 있다. 즉, 유전자 지도를 분석하는 수준에서 벗어나 미생물의 전체 유전체를 작은 조각으로부터 합성하여 다른 미생물에 옮겨 넣거나 새로운 생명체를 만들려고 한다.

특히 체외에서 장기를 형성할 수 있는 줄기세포의 분화능력을 이용하여 여러 기관과 유사한 유기체를 2D로 생성할 수 있다. 하지만 2D 평판배양에서 얻은 조직들은 인간의 실제 정상조직과 비슷하지 않기에 2D 배양보다는 3D 배양을 통해 최소 기능을 할 수 있도록 만든 3차원으로 분화시킨 미니 유사 장기, 즉 오가노이드(organoid)를 개발하고 있다. MIT 테크놀로지 리뷰는 2015년 미래 유망기술로 오가노이드 장기 연구를 선정하기도 하였다.

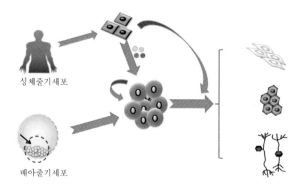

성체줄기세포

배아줄기세포

　　랭커스터(Lancaster) 등은 사람의 성체줄기세포에 영양소와 산
소를 공급해 신경세포를 만드는 연구를 하던 중에 배양 접시에
하얀색의 동그란 물체가 떠 있는 것을 발견하였다. 랭커스터 등
은 처음에는 그것이 무엇인지 몰라 잘라보았더니 신경세포가 나
왔고 그것이 뇌 조직이었다는 것을 알게 되었다. 이들이 발견한
뇌는 지름이 2㎜ 수준으로 지름이 17㎝인 인간의 뇌보다는 작았
고 9주 정도 된 태아의 뇌와 비슷한 크기였다(Nature, 2013). 비록
랭커스터 등이 초기 발달 단계 수준의 뇌를 만들어냈는데도 세계
적으로 주목받았던 이유는 성체줄기세포를 이용해 실제로 뇌의
기능을 하는 3차원 오가노이드 뇌를 최초로 개발했기 때문이다.

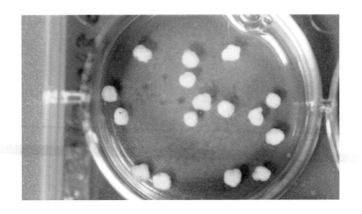

　성체줄기세포는 이미 분화된 세포의 시간을 되감기 하는 역분화 기술을 사용해서 만드는 것으로 이미 병들거나 역할이 정해진 줄기세포를 배아줄기세포 같은 만능형 줄기세포로 되돌리는 것이다. 이렇게 만들어진 성체줄기세포는 인체의 다양한 장기로 분화될 가능성을 갖게 된다.

　랭커스터 등의 연구 발표 이후 줄기세포를 이용해 오가노이드 뇌를 만드는 연구 결과가 잇따라 나오고 있다. 하퉁(Hartung) 등은 성인 5명이 기증한 피부 세포에서 성체줄기세포를 만든 뒤 산소와 영양소를 공급하자 스스로 뇌와 유사한 모양으로 자라면서 8주 만에 3차원 오가노이드 뇌가 만들어지는 것을 확인하였다.

　이 뇌는 2만여 개의 세포로 구성됐고 지름이 350㎛ 정도로 크기가 집파리의 눈만 해 육안으로 겨우 볼 수 있을 정도였다. 이 오가노이드 뇌에는 신경세포 4종과 지지세포 2종(성상교세포, 희소돌기아교세포)이 들어 있는 것으로 확인됐다. 하퉁 등은 실제로 오가노이드 뇌에서 미엘린이 생성되면서 신경세포의 축삭돌기를 둘러싸기 시작하는 것을 볼 수 있었다. 또한, 오가노이드 뇌에서 뇌 신경 사이로 신호가 전달될 때 생기는 전기의 흐름도 측정할 수 있었고 실제 인간의 뇌처럼 약물을 투여하자 신경세포들이 서로 신호를 전달하며 소통하는 뇌 활동의 원초적인 단계로 볼 수 있는 반응도 보였다(AAAS, 2016).

최근 문제가 되는 지카 바이러스의 경우에도 오가노이드 뇌가 연구 과정에서 활용됐다. 송홍준 등은 성체줄기세포로 만든 오가노이드 뇌를 이용해 예전에는 할 수 없었던 지카 바이러스와 소두증에 관해서 연구하였다. 송홍준 등은 오가노이드 뇌를 이용하여 지카 바이러스의 공격으로 뇌의 신경세포가 죽어서 뇌의 부피가 줄어드는 것을 확인하였고 이를 통해 지카 바이러스와 소두증의 연관 관계를 증명하였다(Cell, 2016).

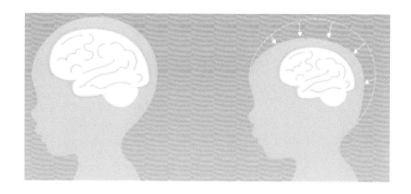

이외에도 오가노이드 뇌는 실험동물을 대체할 수 있는 대안으로도 떠오르고 있다. 질환 연구나 신약 개발 연구 등에서는 실험

동물을 사용하는데, 이를 두고 윤리적 논란이 끊이지 않고 있다. 또한, 동물실험에서 나온 결과를 인간에게 바로 적용할 수 없다는 한계도 있다. 오가노이드 뇌 연구가 발전하면 윤리적 논란이 없을 뿐만 아니라 인간에게 바로 적용 가능한 실험 결과도 얻을 수 있을 것으로 전망된다. 또한, 최근 각광받는 유전자 가위로 줄기세포의 유전자를 교정한 뒤 오가노이드를 만들면 유전성 질환의 발생에 관한 연구도 진행할 수 있을 것이다.

5. DNA 응용

✍ DNA 정보 저장

2002년, UC 버클리의 연구원들은 한 해 동안 새로 생겨나는 인쇄물과 필름, 기타 저장 매체에 저장되는 데이터의 총량이 미국 국회도서관 크기의 도서관 100만 개가 보유하는 양에 해당한다고 추정하였다. 또한, 기존에 디지털 정보 저장 매체로 활용되고 있는 CD나 하드디스크 등은 정보가 매체에 자기화 상태로 기록되어 수십 년 이상 지나면 정보의 부분적인 손상이 불가피하다는 근본적인 문제점을 지니고 있다. 게다가 카세트테이프나 CD 같은 현재의 기록 매체들은 신기술에 의해 재생 장치가 교체될 때마다 저장된 정보를 새로운 포맷으로 재수록해야 한다.

이러한 한계점을 극복하기 위해 영구적인 기록 저장 방법을 찾아 나선 과학자들의 눈에 들어온 저장장치가 바로 DNA다. DNA는 기존 디지털 저장 매체보다 저장 용량과 수명에서 탁월한 능력을 갖추고 있다. 이론적으로 1g의 DNA에는 약 10억GB의 정보를 저장할 수 있다고 하는데 이는 현재 구글과 페이스북 그리고 다른 모든 IT 기업이 보유하고 있는 정보를 합치고도 남는 양이다. 또한, 4만 년 전에 살았던 네안데르탈인의 뼛조각 일부에서 추출한 DNA의 염기서열을 해독해 현생인류와 동일하다는 유전정보를 읽어낼 수 있었다(Science, 2010). 이는 수만 년이 지났어도 정보를 완벽하게 보존하고 있는 DNA의 저장 매체로서의 우수성을 보여준 사례다.

따라서 DNA는 최고의 데이터 저장 물질 후보로 주목받아 왔다. 컴퓨터가 0, 1(이진법)을 이용해 정보를 저장하듯이 DNA는 A, C, G, T 등 4가지 문자로 정보를 저장할 수 있다. 즉, 염기 4개 중 A와 C는 0으로, G와 T는 1로 나타낼 수 있다. 실제로 2012년에 앤디(Endy) 등은 살아있는 세포의 DNA에 적색인지, 녹색인지를 결정하도록 코딩하고 정보를 저장하는 방법을 고안하였다. 이들은 코딩된 정보를 이용하여 DNA를 다른 방향으로 뒤집는 데 성공하였다. 이를 통하여 살아있는 세포에 반복 재생이 가능한 1(앞) 0(뒤) DNA 저장장치를 만들었다.

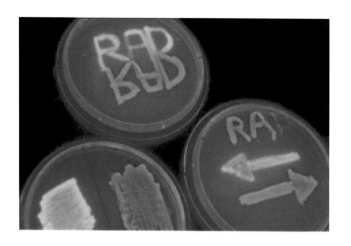

처치(Church) 등도 세균 면역체계의 일부인 크리스퍼 Cas를 이용해 유전자 조작이 비교적 용이한 대장균 DNA의 염기서열의 일부에 손 사진과 사람이 말을 타고 달리는 동영상 정보를 삽입하는 데 성공하였다. 이후 증식한 대장균을 모아 DNA 염기서열을 해독하여 원본과 똑같은 정보를 얻을 수 있었다(Nature, 2012).

이들은 이미지를 이루는 각 점(픽셀)의 위치와 명암 정보를 숫자로 이뤄진 바코드로 만들고 DNA를 이루는 염기 A는 10, T는 01, C는 00, G는 11로 치환해 이미지 정보가 담긴 합성 DNA 조각을 만들었다. 예를 들어 바코드가 111101이면 이를 GGT로 변환하였다.

DNA 저장정보

DNA 출력정보

    지금까지 DNA에 정보를 삽입한 성공 사례는 있었지만, 실제로 살아있는 생물의 DNA에 정보를 포함한 것은 처음이었다. 향후 실제 세포에 정보를 기록해 두었다가 질병 등 큰 변화가 일어날 때 분석하거나, 질병을 일으키는 움직임이 세포 간에 발생할 때 이를 바로 감지하고, 아주 초기 단계에서 방어 조치를 취할 수도 있을 것이다. 또한, 자신의 추억과 소중한 사진을 자신의 DNA 속에 저장하는 등 지금까지 생각할 수 없었던 서비스가 태어날 가능성도 생각할 수 있다.

🦴 DNA 컴퓨터

컴퓨터의 발전 속도는 메모리반도체의 집적도에 의해서 결정되는데 집적도를 높이는 것이 날이 갈수록 어려워지고 있다. 따라서 곧 그 한계에 도달할 것이라는 전망이 나오고 있다. 이러한 이유로 과학자들은 새로운 개념의 컴퓨터를 찾기 시작했는데, 그중 하나가 DNA 컴퓨터다. DNA 컴퓨터는 DNA를 구성하는 네 개의 염기로 데이터를 표현하고 생체 내에서 만들어지는 효소가 정보를 읽고 처리하는 하드웨어 역할을 한다.

1994년에 아들만(Adleman)은 이론적으로 DNA 컴퓨터의 가능성을 제시하였다. 그는 DNA의 원리를 이용하여 기존 컴퓨터에 비해 짧은 시간 안에 해밀턴 경로 문제를 해결할 수 있다고 발표해 주목을 받았다(Science, 1994). 해밀턴 경로 문제는 비행편이 정해져 있다고 했을 때 애틀랜타에서 비행을 시작하여 끝 도시인 디트로이트까지 비행하는 동안 제외된 나머지 도시를 한 번 지나갈 경로가 존재하는지의 여부를 결정하는 문제이다. 이는 잘 알려진 순회 세일즈맨 문제의 한 버전이다.

4개의 도시, 즉 애틀랜타(ACTTGCAG), 보스턴(TCGGACTG), 시카고(GGCTATGT), 디트로이트(CCGAGCAA)가 있다. 각 도시를 지날 수 있는 DNA 계산에서, 각 도시에는 이름(ACTT)과 성(GCAG)으로 생각할 수 있는 DNA 서열(애틀랜타의 경우)이 지정된다. DNA 비행편명은 출발 도시의 성을 목적지의 첫 번째 이름과 연결하여 정의할 때 애틀랜타, 보스턴, 시카고, 디트로이트를 순차적으로 통과하는 하나의 해밀턴 경로가 존재한다. 계산 과정에서 이 경로는 길이 24의 DNA 시퀀스인 GCAGTCGGACTGGGC-TATGTCCGA로 표시할 수 있다. 아들만의 이론에 따라 DNA 컴퓨터에 관한 연구와 개발이 시작되었다.

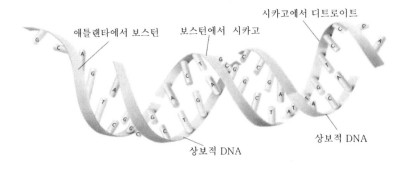

1997년에 로체스터 대학 연구팀은 입력된 정보를 유전학적 회로로 인식해 특정 부위는 연결하고 특정 부위는 연결하지 않는 특이성을 보이는 DNA 논리회로를 처음으로 만들었다. 그러나 본격적인 DNA 컴퓨터 개발은 샤피로(Shapiro) 등이 ATP를 에너지원, DNA를 소프트웨어로, 효소를 하드웨어로 사용하면서 연산 기능을 실행할 수 있는 DNA 컴퓨터를 최초로 개발하면서 시작되었다(Nature, 2001). 이후 그린(Green) 등은 박테리아 세포 안에서 원하는 활동이 이뤄지도록 소프트웨어를 이용해서 RNA 논리게이트를 설계하였다. 이를 바탕으로 단백질 같은 복잡한 중간

매개물을 필요로 하는 DNA와 달리 RNA만 가지고 분자 수준의 다양한 연산을 수행할 수 있는 AND, OR, NOT 논리회로를 구성하는 데 성공하였다(Nature, 2017).

AND는 두 개의 RNA 메시지인 A와 B가 동시에 있을 때만 작동하고 OR은 A 또는 B 중에서 하나만 있을 때 작동하게 하여 이들을 조합하면 다양한 계산을 할 수 있는 복잡한 논리회로를 만들 수 있다. 이를 통하여 박테리아가 마치 소형 컴퓨터처럼 작동하게 하여 살아있는 세포가 아주 작은 로봇이나 소형 컴퓨터처럼 연산을 수행할 수 있는지를 보여 주었다.

과학자들은 DNA 컴퓨터가 기존의 컴퓨터에 비해 소형화에 유리할 뿐만 아니라 실행 속도 면에서도 훨씬 빨라질 가능성이 크기 때문에 미래에는 실리콘 반도체 컴퓨터를 대체할 것으로 예상하고 있다. DNA 컴퓨터는 당장 실용화되기는 어렵지만, 미래에는 인체 내 세포 안에서 작동하면서 질병에 걸릴 위험을 감지하고 이들 질병을 치료할 수 있는 신체 변화나 약품 생성을 유도하는 DNA 컴퓨터가 개발될 것으로 예상된다.

✒ DNA 나노기술

DNA에 대한 연구가 발전하면서 과학자들은 DNA를 단순한 유전적 정보전달자가 아닌 하나의 물리적 재료로 인식하기 시작하였다. DNA를 하나의 물리적 재료로 활용해 유용한 물질을 만들어내는 기술을 DNA 나노기술이라고 부른다.

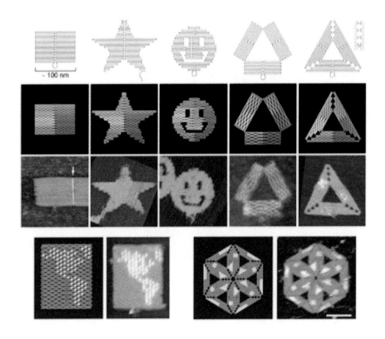

대표적인 DNA 나노기술로는 DNA를 이용하여 나노 단위의 구조물을 제작하는 방법으로 DNA 오리가미(종이접기)가 있다. DNA 오리가미는 1개의 매우 긴 DNA 단일 가닥이 수십 개에서 수백 개의 짧은 DNA 단일 가닥과 자기조립기능을 통해 서로 엮

어가며 나노미터 단위의 구조물을 형성하는 것을 말한다. 즉, 긴 DNA 가닥의 염기 순서를 설계하면 짧은 가닥들이 붙는 위치를 정할 수 있는데 이때 긴 가닥이 종이접기를 하듯이 접히며 구조를 형성하는 원리다.

로데문드(Rothemund)는 나노 구조물을 만들기 위하여 긴 DNA 단일 가닥을 배열하여 주어진 형태의 면을 채운 다음 그 상태를 고정하기 위해 짧은 DNA 가닥들을 배치할 위치를 설계하였다. 컴퓨터로 설계한 긴 DNA 단일 가닥과 상보적인 염기를 지닌 짧은 DNA 조각들을 섞어 주자 DNA 조각들이 긴 DNA 가닥의 상보적인 부분에 달라붙으면서 구상한 모양의 2차원 DNA 나노 구조물이 만들어지는 것을 발견하였다(Nature, 2006).

로데문드는 DNA 단일 가닥을 사용하여 정사각형, 별, 웃는 얼굴 등 다양한 형태의 2차원 DNA 나노 구조물을 만들었다. DNA 나노 구조물은 문자와 이모티콘 도넛 형상 그리고 모나리자의 그림까지 구현하는 등 진전을 보여 주었으나 복잡한 형상을 만들거나 외부에서 제어해서 동작을 수행하게 하는 데는 한계가 있었다.

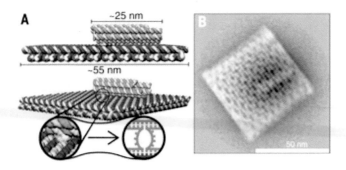

코퍼거(Kopperge) 등도 인공 DNA로 만든 나노 구조물이 전기장에 의해 동작할 수 있음을 보여 주었다(Science, 2018). 그가 만든 나노 구조물은 25㎚ 크기의 로봇 팔을 비롯해서 대부분 DNA 이중 나선 가닥으로 만들어졌으며 미세한 전하를 이용하여 나노 구조물을 원하는 지점으로 움직이게끔 제어할 수 있었다. 미래의 DNA 나노 구조물은 지금과 전혀 다른, 정교한 공장 작업이 가능해질 것이다. 마음만 먹으면 테슬라에서 차를 만들 듯이 나노 구조물을 찍어 낼 수 있게 되면 우리 몸에서 분자 단위 움직임으로 일어나는 다양한 질병의 예방과 치료가 가능하게 될 것이다.

6. 경계의 DNA

✒ 양자

양자는 라틴어 'quantus'에서 온 말로 'how much', 즉 양 또는 수량을 뜻한다. 사전을 찾아보면, 양자는 독일어 'quantum'을 번역한 말로서 어떤 물리량이 연속 값을 취하지 않고 어떤 단위량의 정수배로 나타나는 불연속 값을 취할 경우, 그 단위량을 가리킨다고 되어 있다. 즉, 양자 개념은 연속적인 흐름에 반대되는 개념이다. 양자 개념은 1900년에 플랑크(Planck)가 에너지의 불연속성에 관한 양자가설을 주장하면서 처음으로 도입되었고 지난 100년 동안 수없이 양자역학을 이야기했지만, 양자역학을 가지고 해결해야 할 문제는 아직도 너무 많다.

양자역학의 복잡한 내용에 대해서 비교적 일반 사람들의 관심을 끄는 설명은 다음과 같은 것이다. 양자 세계에서는 여러 상태가 동시에 겹친 채로 있을 수 있으며, 이를 중첩이라고 한다. 예를 들어, 고전 세계에서는 디지털 정보인 비트의 0과 1이 각각 다른 상태만 전제한다. 그러나 양자 세계에서는 이 두 가지 상태가 공존할 수 있다. 이는 관찰 이전에는 살아있으면서 동시에 죽어있다는 슈뢰딩거의 고양이로 잘 알려져 있다. 슈뢰딩거의 고양이처럼 다음의 그림을 양자 세계 안에 넣으면 어떻게 될까? 50%는 토끼고 50%는 오리인 상태로 존재할 수 있다.

양자 세계의 또 다른 성질은 얽힘이다. 얽힘이란 두 가지 이상의 양자를 매우 멀리 떨어뜨려 놓아도 서로 얽혀 있는 상태를 유지하는 성질이다. 즉, 측정하기 전까지는 서로 얽혀 있는 두 양자의 상태를 알 수 없지만, 서로 얽혀 있는 두 양자 중 하나를 측정한다면 그 순간 한 양자의 상태가 결정되고 즉시 그 양자와 얽혀 있는 다른 양자의 상태까지 결정하게 된다. 즉, 고전적으로는 두 물체의 거리가 멀어질수록 상호 작용이 일어날 확률이 0에 가까워지지만, 얽힘에 의해 두 양자는 아무리 멀리 있어도 매우 긴밀하게 연결되어 있다.

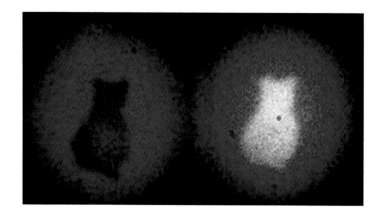

　양자가 보이는 불연속성, 확률, 중첩, 얽힘 등의 특성은 과거의 과학으로는 상상조차 할 수 없는 비현실적인 것이었다. 하지만 양자의 세계가 드러나면서 기존의 과학을 뛰어넘은 새로운 현실을 이해하는 도구로 많은 기대를 받고 있다.

🎵 양자 동요

　세포들은 분열할 때마다 그 안에 있는 DNA가 똑같이 복제된다. DNA 복제 시 이중 나선이 두 개의 사슬로 나뉘면 중합 효소는 그중 하나의 사슬을 원본으로 하여 그 사슬이 가지고 있는 염기에 상보적으로 염기들을 새로운 이중 나선을 만들고 올바르게 결합되지 않는 것들은 폐기하면서 DNA 사본을 만든다. 이때 DNA 복제를 돕는 효소인 DNA 중합 효소는 거의 1만 염기당 하나씩 실수를 저지르는 것으로 알려져 있다. 왓슨과 크릭도 1953년에 DNA 이중 나선의 상징적인 구조를 설명하면서 "DNA 염기들은 실수로 만들어진 쌍들이 폐기되지 않고 정상인 것처럼 DNA의 나선형 구조에 밀어 넣을 수 있다."라고 가정하였다.

　이런 실수들은 자발적인 돌연변이로 유기체의 능력이 진화하도록 변화시키거나 질병에 걸릴 수 있는 감수성을 변화시키는 등 큰 변화를 일으킬 수 있다. 따라서 과학자들에게 거의 오류가 없는 DNA가 염기의 유전자 코드를 만들 때 어떻게 실수를 저지르는지는 그동안 풀리지 않는 문제였다.

정상상태　　　　　　　　양자동요

하시미(Hashimi) 등은 DNA 내 나선 구조에서 염기 G와 T의 미세한 양자 동요를 확인하였다. 양자 동요를 통하여 염기 G와 T가 마치 퍼즐 조각처럼 연결될 수 있다는 사실을 확인했다. 그러나 복제 오류의 원인이 무엇인지는 분명하지 않았다(Nature, 2015).

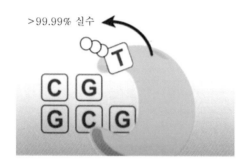

하시미 등은 이전 기술보다 더욱 향상된 핵자기공명(NMR)을 사용해 양자 동요와 DNA 중합 효소에 의해 만들어진 오류 사이의 관계를 연구하였다. 이 연구에서 하시미 등은 G와 T 염기들의 양자 동요는 DNA 중합 효소가 잘못된 G-T 미스매치를 나선 구조에 합체시키는 것과 거의 같은 비율로 일어난다는 것을 발견하였다. 또한 G와 C가 더 많은 영역은 A와 T가 풍부한 영역보다 더 많은 양자 동요가 일어나고 그에 따라 더 많은 돌연변이가 나타난다는 사실을 발견하였다(Nature, 2019). 이를 통하여 상징적인 이중 나선에 대한 교과서적인 묘사는 정적인 상태의 이중 가닥 구조를 보여 주지만, 드물게 극히 짧은 시간 동안 다른 모습으로 변화할 수 있음을 알게 되었다.

　짧게 지속되는 양자 동요가 왜 그렇게 중요하냐고 의문을 가질 수 있으나 양자 동요는 복제 오류뿐만 아니라 전사나 번역, DNA 복구와 같은 다른 분자 수준에서 나타나는 오류의 원인으로 생물학적인 변화나 질병을 일으키는 주요 요인이 될 수 있다.

🖋 양자 생물학

생명을 양자역학으로 설명하는 『생명, 경계에 서다(Life on the Edge)』를 쓴 알칼릴리(Al-Khalili)와 맥패든(McFadden)은 양자 생물학의 시작을 울새 연구로 보고 있다. 철새인 울새는 길 찾는 방법이 매우 특이한데, 지구 자기장의 방향과 세기를 감지하는 자기수용 감각을 가지고 있어서 사람처럼 지형지물을 보고 방향을 결정하지 않고 다른 철새처럼 밤하늘 별의 모양을 추적하지도 않는다. 울새는 망막에 있는 단백질이 빛에 의해 유도되는 양자 반응을 이용하여 방향을 찾는 것으로 알려져 있었다. 최근의 연구를 통하여 그 단백질은 울새의 망막에 있는 광감지 단백질인 크립토크롬(cryptochrome)으로 이 단백질이 지구 자기장을 시각적으로 감지해 생체 나침반 역할을 한다는 것을 확인하였다.

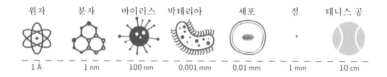

원자	분자	바이러스	박테리아	세포	점	테니스 공
1 Å	1 nm	100 nm	0.001 mm	0.01 mm	1 mm	10 cm

양자역학의 창시자인 슈뢰딩거는 물리학자의 관점에서 본 생명 현상에 대한 자신의 견해를 1944년에 『생명이란 무엇인가(What is Life?)』라는 책을 통해 "생명도 원자나 분자 수준에서 이해될 수 있어야 한다."라고 주장하였다. 이 말은 많은 과학자들에게 영감

을 주어 왓슨과 크릭이 1953년에 유전정보를 전달하는 DNA의
분자구조를 밝혔고 보어 등은 양자 개념이 바로 생명과학의 근본
적인 개념일 수 있다고 주장하기도 하였다.

린제이(Lindsay) 등은 세포 표면에 존재하며 콜라겐 등 세포 외
기질에 세포가 접착할 때 작용하는 인테그린 단백질과 리간드의
상호작용을 탐구하고 있었다. 린제이 등은 실을 바늘귀에 통과시
키듯이, 인테그린 단백질을 나노 규격의 구멍을 통해서 정렬시킨
상태에서 인테그린 단백질의 전기 전도성을 측정했는데 매우 높
게 나타났다. 이는 기존에 알려진 인테그린 단백질의 전기적인
특성과 다른 결과여서 과학자들 사이에 논쟁이 벌어졌다.

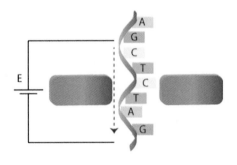

실험 결과를 보강하기 위해 린제이 등은 전자 현미경(Scanning
Tunnel Microscopy)의 탐침이 인테그린 단백질과 접촉하도록 한
상태에서 전기 전도성 실험을 하였다. 전자 현미경의 탐침은, 인
테그린 단백질과 접촉하도록 한 상태였지만, 표면에서 멀리 떨어

저 있는데도 불구하고 엄청난 전류가 흘렀다.

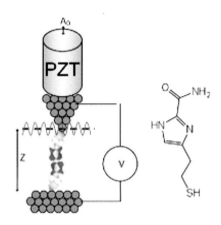

린제이 등의 인테그린 단백질의 전기 전도성 실험 결과를 분석해 보면 인테그린 단백질의 전기 전도성은 세 가지 커브가 나타났다. 하나는 금속 상태에 일치하는 것이고, 다른 하나는 절연 상태에 일치하며, 세 번째는 양자 임계 상태에 일치하였다(Nano Futures, 2017).

단백질을 양자 수준에서 다루는 이들의 연구처럼 과학의 급격한 발달 덕분에 양자적 관점에서 생물학적 현상을 바라보는 양자 생물학이 성장하고 있다.

경계의
양자

Space-time

Strong CP problem

Cosmological constant problem

Black hole information paradox

Quantum gravity

Matter-antimatter as

Hierarchy problem

Big Bang   Grand unification

Dark matter

ries of Everything, Mapped

TO ARTICLE

Neutrino mass

1. 양자의 특성

⚡ 양자의 탄생

물리학자 쿤(Kuhn)은 과학사의 방대한 사례를 통해 과학 지식의 형성 과정과 본질적 특성을 분석한 『과학 혁명의 구조』를 쓴 과학 철학자로도 유명하다. 그는 그의 저서에서 "과학의 발전은 누적된 지식의 축적이 아니라 혁명적인 어떠한 사건을 계기로 급진적으로 이루어진다."라고 하였다. 과학에서 급진적인 과학의 발전의 대표적인 예로 빛에 관한 생각을 꼽을 수 있다.

빛의 본질에 대해서 17세기의 과학자들은 열띤 논쟁을 전개하였는데 일부는 빛을 파동이라고 보았고 일부는 빛을 입자의 흐름이라고 주장하였다. 그러나 물체의 운동에 관한 법칙을 정립한 뉴턴(Newton)은 빛의 모든 특성을 입자로 설명하였다. 그 당시에 빛의 파동성을 주장하던 호이겐스(Huygens)나 후크 같은 과학자도 있었으나, 그의 권위로 인해 빛은 입자라는 생각은 오랫동안 흔들리지 않았다.

하지만 1801년에 영(Young)은 이중슬릿 실험에서 간섭무늬를 관찰하였다. 간섭무늬는 입자로는 설명할 수 없는 파동의 대표적인 성질이었다. 이를 통해서 과학자들의 빛에 관한 생각이 입자에서 파동으로 급진적인 변화가 일어나게 되었고 한동안 빛은 연속적인 파동이라고 생각하게 되었다.

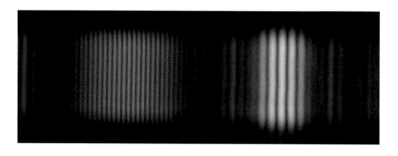

그러나 이후 흑체(검은 물체)에서 나오는 복사 실험에서 자외선 영역에서 나오는 복사에너지를 빛이 파동이라는 생각으로는 설명할 수 없었다. 이 문제를 해결하기 위해서 1900년에 플랑크는 "기존의 이론에 의하면 에너지는 연속적이며 프리즘을 통과한 무지개 또한 연속적이지만, 에너지를 불연속이고 나눌 수 있는 불연속적인 에너지 덩어리로 보자."라고 제안하였다. 플랑크의 제안은 20세기 초 현대물리학 분야에서 나타난 혁명적 변화인 양자역학의 문을 여는 계기를 마련하였다. 이후 플랑크가 제안한 불연속적인 에너지 덩어리를 양자(quantum)라고 부르게 되었다.

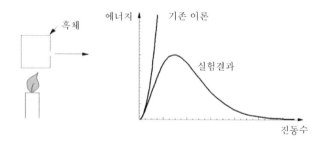

그 후 1905년에 아인슈타인은 빛은 광자라는 무수한 알갱이로 구성되어 있으며, 개개의 광자는 진동수에 비례하는 에너지를 갖는다는 광양자설에 관한 논문을 발표하였다. 드브로이는 아인슈타인의 특수 상대성이론 중 '에너지=질량 공식($E=mc^2$)'과 광양자설, 플랑크의 에너지 양자에서 영감을 얻었다. 물질의 질량이 곧에너지이고, 파동에도 에너지가 있으므로 에너지를 중심으로 이들의 관계식을 결합해 질량이 파동적 성질을 갖고 있다는 새로운 결론을 도출했다. 즉, 입자라고만 생각되었던 전자의 움직임이 파동의 특성을 보일 수 있음을 수학적으로 유도하여 1924년에 이를 박사학위 논문으로 제출하였다.

기존의 상식으로 물질은 당연히 입자라고 여겼기 때문에 그의 가설은 말도 안 되는 발상으로 여길 수도 있지만, 그의 지도교수였던 랑주뱅(Langevin)은 드브로이의 논문을 아인슈타인에게 보여 주고 자문을 구했다. 그의 논문을 본 아인슈타인은 "이 연구는 물리학에 드리운 커다란 베일을 걷어냈다."라는 찬사를 보냈다. 이를 통해 많은 과학자가 드브로이의 논문에 관심을 가지게 되었으며 실험을 통해 이는 곧 물질파의 존재를 밝히려는 노력으로 이어졌다.

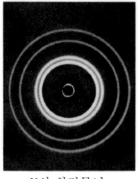 

X선 회절무늬 전자 회절무늬

1927년에 데이비슨(Davisson)은 니켈 결정에 전자를, 톰슨(Thomson)은 얇은 금 박막에 전자빔을 쏘는 실험을 통하여 X선을 입사시켰을 때 얻은 회절 무늬와 비슷한 전자의 회절 무늬(우측 그림)를 얻었다(노벨상, 1937). 회절 무늬는 입자에서는 절대 나타날 수 없고 파동에서만 나타나는 성질이어서 그들의 실험 결과는 빛이 입자이면서 파동이라는 이중성을 지닌 것처럼 전자 또한 입자와 파동의 이중성을 지닌다는 것을 의미하였다.

이를 통하여 과학자들은 불연속적인 에너지 덩어리인 양자는 입자와 파동의 성질을 모두 가지고 있다고 생각하게 되었다. 1900년대에 시작된 양자에 관한 연구는 21세기의 첨단기술로 불리는 나노기술의 근간이 되었다. 특히 양자 개념을 토대로 양자 컴퓨터를 실험적으로 구현하려는 노력이 활발하게 진행되고 있다.

🏃 양자 도약

분자·원자·전자·소립자처럼 아주 작은 미시 세계에서 운동 상태를 설명하고 예측하는 양자역학은 여러 면에서 우리에게 익숙한 고전역학과는 다른 특징을 가지고 있다. 양자역학을 지탱하는 개념은 두 개의 반대 상태가 동시에 존재할 수 있다는 양자 중첩과 양자 도약의 예측 불가능성이다.

양자 도약은 1911년 이후로 원자 연구를 둘러싼 물리학계의 가장 뜨거운 화두인 전자의 원자핵 충돌을 설명하기 위한 보어(Bohr)의 가정이다. 러더포드(Rutherford)가 1911년에 알파입자 산란을 통해 원자핵을 발견한 이후로 과학자들은 전기적 인력에 의해 전자가 원자핵에 끌려들어 가지 않으려면 전자가 원자핵 주위를 돌아야 한다고 생각하였다. 그러나 전자가 원자핵 주위를 돌면서 전기적 인력을 극복한다 해도 운동하는 전자는 빛을 방출하고 빛을 방출한 전자의 에너지는 그만큼 줄어들게 된다. 따라서 에너지를 잃은 전자는 원자핵에 끌려들어 가야 하지만 그런 일은 발생하지 않는다.

이런 모순을 과학적으로 설명하기 위하여 보어는 1913년에 "전자가 핵 주변을 돌더라도 특정 궤도를 돌 때는 에너지를 방출하지 않고, 전자가 다른 궤도로 이동(양자 도약)할 때만 에너지를 방출한다."라고 가정하면서 논쟁은 일단락되었다.

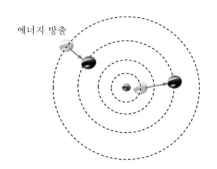

에너지 방출

양자 중첩과 양자 도약의 예측 불가능성을 설명하기 위해 실행한 유명한 사고실험으로 슈뢰딩거(Schrödinger)의 고양이가 있다. 슈뢰딩거의 고양이는 밀폐된 상자 속에 방사성 원자와 이 원자에서 방출되는 방사능에 의해 터지는 독가스와 고양이가 함께 있을 때 고양이가 살아있는지의 여부를 묻는 문제다.

양자역학에 의하면 누군가가 상자를 열 때까지 고양이는 살아 있으면서 죽은 중첩의 상태에 있다고 한다. 또한, 전자가 어느 궤도에 있을지는 확률적으로만 알 수 있어서 원자 내부에서 전자가 궤도와 궤도를 뛰어 이동하는 양자 도약 현상을 예측하는 것은 불가능한 일이었다.

따라서 그동안 상자 안에서 방출되는 방사능이 정확히 어느 시점에 고양이를 죽음에 이르게 하는 상태로 이동(양자 도약)하는지는 예측할 수 없으며, 다만 확률적으로만 알 수 있다고 생각해 왔다.

양자 도약의 예측 불가능성에 관심을 가지고 있던 미네프 (Minev) 등은 원자를 알루미늄으로 만든 3차원 공동에 가둔 상태에서 마이크로파를 이용하여 양자 도약에 대해 실험하였다. 미네프 등은 실험을 통하여 원자로부터 방출된 광자들이 갑자기 사라지는 양자 도약의 실제 작동을 처음으로 확인하였다. 즉, 광자들의 사라짐은 양자 도약의 사전 경고였다(Nature, 2019).

이들의 발견을 통해서 양자 도약을 장기간에 걸쳐서는 예측할 수 없으나 지진 해일처럼 임박한 순간에 경고는 할 수 있는 것으로 나타났다. 이를 통해 미네프 등은 그동안 양자물리학에서 통용됐던 양자 도약은 예측할 수 없다는 물리학의 기본 이론을 뒤집었다.

양자 도약은 OLED(Organic Light Emitting Diodes)와 양자 컴퓨터 등 첨단 과학기술에 이용되고 있다. OLED는 유기 발광물질에 전류를 가해 스스로 빛을 내는 디스플레이다. OLED에 사용되는 유기 발광물질에 전류를 가하면 해당 물질의 발광 구조에 따라 물질 내에서 전자의 이동, 즉 양자 도약이 이루어지고 설계된 도약 거리에 따라 고유의 빛을 내는 방식이다. 또한, 양자 컴퓨터 개발에서 양자 도약은 양자의 한 에너지 상태에서 다른 상태로의 급작스러운 전환으로 계산상의 오류를 의미한다. 따라서 양자 도약에 대한 이들의 연구는 양자 컴퓨터의 오류를 예측할 수 있게 해 주는 중요한 연구이다.

🗡 양자 얽힘

상상해 보자. 두 명의 남(O)과 여(Y)가 하트 무늬를 좌우로 쪼개서 각각 사랑의 징표로 나눠 가지고 헤어졌다. O가 집에 돌아와 주머니 속의 하트 무늬를 보니 좌측 하트 무늬가 들어있었다. 그때 백만 광년 떨어진 곳으로 이동한 Y가 주머니 속의 하트 무늬를 보니 우측 하트 무늬가 들어있었다. 고전 물리적인 사고방식을 가진 상식적인 사람이라면 주머니에 그 하트 무늬가 원래부터 들어 있었다고 판단할 것이다.

그러나 하트 무늬는 꺼내 보기 전에는 좌우가 정해져 있지 않고 한쪽 하트 무늬를 관측한 순간 다른 주머니 속의 하트 무늬가 거리와 상관없이 순식간에 바뀐다. 상식적으로 말이 안 되고 특수 상대성이론을 아는 사람이라면 어떻게 빛보다 빨리 정보가 전달되느냐고 의문을 제기할 것이다.

그러나 자연 상태에서는 이런 현상이 흔하다. 예를 들면, 한 입자가 쪼개져 전자와 양전자로 나뉘었을 때 전자는 음의 전기를, 양전자는 양의 전기를 갖는다. 측정 전까지 두 입자의 상태를 알 수는 없지만 쪼개진 전자의 상태를 바꾸면 양전자의 상태가 동시에 반대로 바뀐다. 마치 서로 끈으로 연결된 것같이 행동하는 이런 현상을 양자 얽힘(quantum entanglement)이라고 한다.

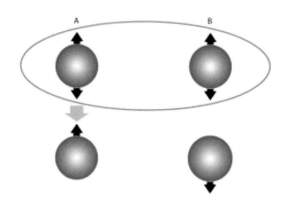

　젠웨이(Jianwei) 등은 2016년에 발사한 지상 500㎞ 궤도의 양자 통신 위성을 이용해 양자를 전송하는 실험을 하였다. 이들은 실험에서 매초 800만 쌍의 광자를 생성해 1,200㎞ 떨어진 티베트고원에 있는 2곳의 과학 기지에 전송해 이 중에서 한 쌍을 양자 얽힘 상태로 전송하는 데 성공하였다(Science, 2017). 800만 쌍의 양자 중에서 한 쌍의 양자만을 양자 얽힘 전송에 성공했다는 점은 아직 기술적으로 난관이 적지 않다는 점을 의미한다.

　이런 기술적인 문제를 해결하기 위하여 과학자들은 양자 얽힘 양자 수를 늘리려는 연구를 하였다. 지금까지는 약 10~20개의 양자를 얽히게 하는 데 성공한 반면에 토트(Tóth) 등 유럽의 세 연구팀은 양자 얽힘 양자의 수를 수천 개까지로 늘렸다(Science, 2018).

　이들은 질량이 0인 광자 대신 비교적 무거운 원소인 루비듐을 절대온도 0도 근처까지 냉각해 동일한 원자들처럼 행동하는 '보즈-아인슈타인 응축(BEC)' 상태로 만들었다. 그 후 원자 사이 간격을 천천히 벌릴 때 양자 얽힘 현상이 개개 원자 사이에 유지되고 있는지 확인하는 방법을 통하여 수천 개의 원자가 양자 얽힘 상태를 유지하는 것을 확인하였다.

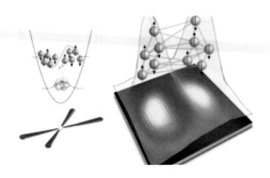

양자 얽힘을 이용하여 양자로 전송되는 메시지는 어떤 도청이나 감청도 불가능한 것으로 여겨지고 있다. 따라서 양자 얽힘은 양자 통신이나 양자 전송 등 금융 및 개인신용정보가 오가는 금융망 등에서 활용될 수 있는 차세대 기술이다. 또한, 양자 얽힘은 양자 컴퓨터 등의 핵심 원리 중 하나로 연구 결과는 당장 응용되기보다는 양자 분야 기초 및 원천 연구에 활용될 것이다.

2. 물질과 반물질

♪ 표준 모형

지구에 있는 모든 물질을 쪼개고 쪼개면 원자만 남는다. 그러나 원자가 가장 작은 입자는 아니다. 원자는 핵과 전자로 이루어져 있고, 핵은 다시 양성자와 중성자로 이루어져 있다. 또한, 중성자와 양성자는 더 작은 입자인 쿼크(quark)로 이루어져 있다. 표준 모형은 이런 작은 입자와 함께 자연에 존재하는 네 가지 힘인 중력, 전자기력, 강력, 약력의 상호작용을 설명해 주는 이론이다.

그런 의미에서 표준 모형은 인간이 이 세상에 대해서 가지고 있

는 근본적인 지식이라고 할 수 있다. 표준 모형이 처음 발표된 1967년 이후로 표준 모형은 실험을 통해 정확하게 검증되고 있다. 이 과정에서 표준 모형이 위협을 받는 경우도 있는데 대표적인 예가 중성미자의 질량과의 불일치이다.

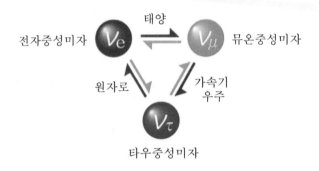

표준 모형은 중성미자는 질량이 없다는 전제하에 성립됐다. 그러나 카지타(Kajita) 등은 1998년에 수퍼카미오칸데 실험에서 상공으로 날아오는 뮤온 중성미자와 지구 반대편의 같은 각도에서 날아오는 뮤온 중성미자의 수를 비교해 봤을 때 차이가 발생하는 것을 관찰하였다. 상공의 중성미자는 바로 날아오는 것이지만, 지구 반대편에서 날아오는 뮤온 중성미자는 먼 거리를 이동하면서 다른 중성미자로 변환하여 개수가 줄어든 것이라고 해석할 수 있다.

카지타는 이를 통하여 뮤온 중성미자가 날아오는 도중에 다른 종류의 중성미자로의 변환이 일어남을 발견하였다. 이는 중성미자의 질량에 대한 고유 상태들이 중첩되어 나타난 것으로 중성미자가 질량을 가지고 있음을 처음으로 입증한 것이었다(노벨상, 2015).

양성자가 충돌할 때 발생하는 케이온(Kaon)은 우주에 흔하게 존재하는 작은 입자다. 1947년에 우주에서 날아오는 우주선에서 케이온이 발견되었을 당시의 학술대회의 주제는 패리티(P)였다. 어려운 말이지만 P 대칭은 공간에 대한 대칭성이다. 예를 들어, 공간을 거울에 놓고 반전시켰을 때 물리 법칙이 그대로 유지되면 P 대칭이다. 또 다른 대칭은, 우리가 아는 입자에는 반입자가 있고 이 둘이 정확하게 1:1로 대응한다는 전하 대칭(C 대칭)이다.

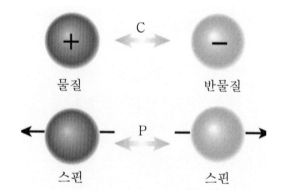

CP 대칭에 관심을 가지고 있던 크로닌(Cronin)과 피치(Fitch)는 1964년에 약력에 의한 붕괴 과정에서 수명이 긴 중성 케이온(K^0)의 CP 대칭이 있는지 알아보기 위하여 중성 케이온과 그 반입자를 생성시켜서 소멸 패턴을 관찰하였다.

$$K_L^0 \rightarrow e^+ + \pi^- + \nu$$

$$K_L^0 \rightarrow e^- + \pi^+ + \bar{\nu}$$

CP 대칭이 있으려면 다음 두 반응이 일어나는 비율이 같아야 하는데 크로닌과 피치는 두 반응이 일어나는 비율에 미미한 차이가 있음을 발견하였다(노벨상, 1980). 중성 케이온의 CP 대칭 깨짐 상수를 엡실론 케이라 하는데 최근에 발달한 계산 능력을 바탕으로 표준 모형으로 계산한 이론적 엡실론 케이가 입자가속기 실험을 통해 정밀하게 측정된 실험값과 29% 정도 차이가 난다는 것을 증명하였다. 이는 표준 모형이 실험 결과의 약 71%는 기술하지만, 나머지 29%는 기술하지 못한다는 것이다.

이러한 차이는 표준 모형의 수정이 필요한 것을 의미하기 때문에 과학계에 미치는 영향이 매우 크다. 이렇게 표준 모형이 도전을 받는 것은 당연한 것인지도 모른다. 우주를 구성하고 있는 물질 중에서 표준 모형으로 설명할 수 있는 것은 단지 4%에 불과하다. 암흑물질과 암흑에너지 등 나머지 96%가 무엇인지는 아직 모르는 상태이며 많은 과학자가 이에 대해 연구하고 있다.

⚡ 반물질

137억 년 전의 대폭발과 함께 우주가 한 점에서 탄생했던 당시에는 소립자들의 세상이었다. 우주가 팽창하면서 온도가 내려가자 소립자들이 서로 결합해서 물질을 만들었다. 우주 생성 당시에는 에너지로부터 항상 쌍으로 만들어지는 입자와 반입자가 똑같이 존재했다. 그러나 현재 우주에는 반입자나 반물질이 존재하지 않는다.

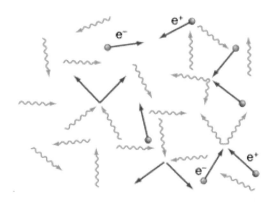

1928년에 디랙(Dirac)은 "우주를 이루고 있는 기본 물질인 양성자, 전자와 같은 입자들은 질량 등 물리적 성질은 동일하지만, 자신과는 반대의 전하를 갖는 반입자를 갖는다."라는 특수 상대성 이론과 양자역학을 접목시킨 특이한 형태의 수소 원자의 전자 운동을 발표하였다(노벨상, 1933).

그의 이론은 당시 많은 과학자로부터 거부당하였다. 그러나

1932년에 앤더슨은 우주에서 지구로 날아오는 우주선을 관측하는 실험 중에 우주선이 지구 대기와 충돌할 때 순간적으로 생겼다 사라지는 반입자를 발견하였다.

이 반입자는 질량은 전자와 같으면서도 전하가 반대인 성질을 띤 양전자였다. 이를 통해 디랙이 주장한 반입자는 더 이상 상상 속의 입자가 아니라 실존하는 입자로 인정받게 되었다.

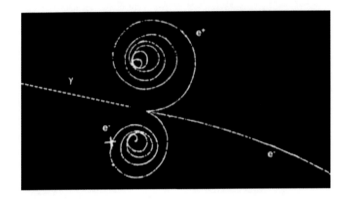

실험실에서도 가속기로 아주 높은 에너지를 갖도록 입자를 가속시킨 다음 다른 입자와 충돌시키면 가끔 질량은 같으나 반대의 전기를 띤 두 입자를 쌍으로 만들 수 있다. 이는 아인슈타인의 에너지와 질량의 관계식($E=mc^2$)에 따라 에너지가 입자와 반입자로 바뀌는 현상이다. 대표적인 예로 1956년에 있었던 버클리국립연구소의 양성자의 반입자인 반양성자 발견을 들 수 있다.

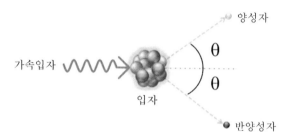

과학자들은 반양성자의 발견을 통하여 물질과 반물질이 존재하는 대칭성을 인정하게 되었다. 따라서 물질만으로 이루어진 현재의 우주가 존재한다는 사실은 대칭성이 깨져있음을 의미하는 것으로 받아들이게 되었다. 이를 통하여 반물질에 관한 다양한 연구가 이루어지게 되었다.

1995년에 CERN은 반양성자와 양전자로 반수소 원자를 만든 후 400억 분의 1초 동안 원자 상태를 유지하는 데 성공하였다. 그 후 CERN은 자기장을 이용해 약 300여 개의 반수소 원자를 16분 동안 원자 상태로 유지하는 데 성공하였다(Nature, 2011). 이를 통해 반수소 원자의 성질을 자세히 연구하는 데 필요한 시간을 확보해 지금까지는 불가능했던 원자와 반원자, 더 나아가 물질과 반물질의 다른 특성을 연구할 수 있게 되었다.

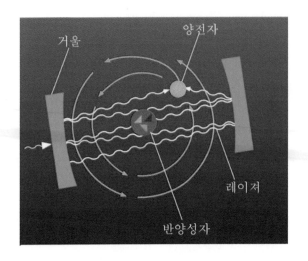

거울
양전자
레이져
반양성자

　행스트(Hangst)등은 자기장에 갇혀 있는 반수소 원자에 특정 주파수의 레이저를 이용해 반수소 원자의 스펙트럼을 측정하였다. 이를 통하여 반수소 원자의 스펙트럼이 수소 원자의 스펙트럼과 같다는 사실을 발견하였다(Nature, 2017). 즉, 전자가 양자 도약하는 데 필요한 에너지와 양전자가 양자 도약하는 데 필요한 에너지는 거의 같다는 것을 알게 되었다.

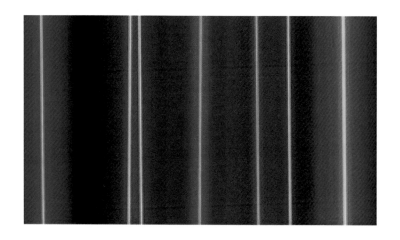

　이들의 연구 결과는 반물질의 정밀 연구에 새로운 시대를 여는 기술적 진전이었으며 이를 통해 반물질의 기본이 되는 반원자를 만들고 반물질의 특성을 본격적으로 연구할 수 있게 되었다. 만약 물질과 반물질의 서로 다른 특성을 발견한다면 자연에 대한 이해는 엄청나게 확장될 것이다. 그뿐만 아니라 여러 원소의 반원자를 생성하는 효과적인 방법을 개발하고 심지어 이 반원자들 간의 결합을 통해 분자 상태를 만들 수 있을 것이다. 현재는 반입자, 반원자, 반물질에 관한 연구가 순수한 기초과학 분야의 연구 대상이지만, 항상 그러하듯이 몇십 년 혹은 몇백 년 후에는 반물질에 대한 연구 결과는 응용 및 상용화 기술로 변하여 우리의 미래를 완전히 바꾸어 놓을지도 모르는 일이다.

∮ 암흑물질

　1930년대에 츠비키(Zwicky)는 거대 은하단을 관측하던 중 은하단 중심을 공전하는 은하들의 속도가 계산보다 지나치게 빠르다는 사실을 발견하였다. 당시의 과학 지식에 따르면 관측된 은하들의 질량만으로는 그 정도로 빠르게 움직이는 은하들을 붙잡아둘 수 없었다. 이에 대한 설명이 필요했던 츠비키는 관측되지 않는 물질들이 있어서 이들이 추가로 중력을 만들어내고, 이 힘이 은하들을 붙잡아 둔다고 생각하였다. 이는 빛을 내지 않지만 필요한 중력 작용을 일으킬 수 있는 물질, 즉 암흑물질의 존재를 처음으로 주장한 것이었다.

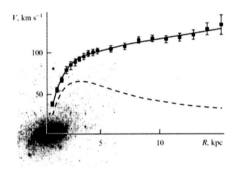

　암흑물질의 존재는 잊혀지는 듯하다가 1978년에 루빈(Rubin)에 의해서 새롭게 주목받았다. 루빈은 은하 내 별들의 회전 속도를 측정하다 은하 바깥쪽의 별들도 은하 중심 근처의 별과 비슷한 속

도로 공전한다는 사실을 발견하였다. 이는 기존의 중력 이론으로는 설명할 수 없는 현상이었다. 결국 이를 설명하려면 아직 관측하지 못한 무언가가 은하 바깥쪽에 질량을 더해 주어야만 하였다. 이들의 연구를 통해 우주에는 우리가 볼 수 없는 물질이 어딘가에 존재한다고 추측할 수가 있는데 이렇게 우리가 볼 수 없는 물질을 암흑물질이라고 한다. 과학자들은 암흑물질 후보로 크게 세 가지를 가정하고 있는데 윔프(WIMP)와 액시온, 비활성 중성미자가 그것이다.

이 중에서 암흑물질 후보로 가장 많이 알려진 것은 약하게 상호작용하며 중력을 받는 물질이라는 뜻의 윔프다. 윔프는 비록 물질과의 반응성이 매우 낮지만, 요오드화나트륨 결정을 통과하면서 아주 드물게 원자핵과 충돌하며 빛을 낸다. 1998년에 다마(DAMA) 연구팀은 요오드화나트륨 원자핵과 충돌을 통해 발생하는 빛을 포착하는 방법을 이용하여 윔프 관측에 성공했다고 발표하였다(Nature, 2018). 하지만 아직 다른 연구실에서는 이것이 재현되지 않아 인정받지 못하고 있다.

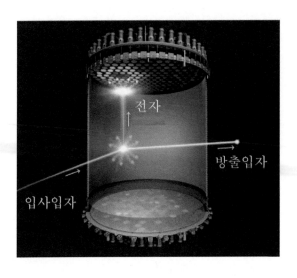

전자

방출입자

입사입자

또 다른 암흑물질 후보인 액시온을 검출하기 위해서 기초과학 연구원은 극저온(-273℃, 0.15K) 냉동기 안에 자기장을 발생시키는 자석과 마이크로파 공진기를 설치한 검출 장비를 만들었다. 이 장치의 진동수와 액시온의 고유 진동수가 일치하면 공명에 의해 액시온의 에너지가 빛으로 변할 것으로 추정하고 액시온을 찾아 낼 계획을 하고 있다. 이와는 다르게 CERN은 CAST(CERN Axion Solar Telescope) 프로젝트를 운영하고 있는데, CAST는 태양에서 방출되는 액시온이 자기장과 상호작용 할 때 나오는 신호를 탐색 하는 방식으로 이뤄지고 있다.

또 다른 암흑물질의 새로운 후보 물질로 주목받기 시작한 비활 성 중성미자는 세 종류의 일반 중성미자가 서로 다른 종류로 바 뀌는 진동 변환 과정에서 세 종류 이외에 존재할 것으로 예측되 는 제4의 중성미자다. 지금까지 중성미자를 태양 대기 원자로에서 관측한 결과 뮤온에서 타우, 전자에서 뮤온, 타우에서 전자 중성미자로의 변환이 모두 밝혀졌다.

그러나 1980년대부터 원자로에서 중성미자가 예측한 것보다 7%가량 적게 측정되는 이상한 현상을 관찰하였다. 이 현상은 기존 세 종류의 중성미자 진동 변환만으로는 설명할 수 없었다. 이를 설명하기 위해서는 가상의 입자가 필요하였는데 이 가상의 입자가 비활성 중성미자다. 비활성 중성미자는 약한 상호작용도 하지 않으며, 질량은 기존 중성미자보다 무거워 암흑물질의 새로운 후보로 주목받고 있다.

암흑물질을 찾으려는 많은 노력에도 불구하고 여전히 암흑물질이 무엇인지는 분명치 않다. 암흑물질이 실제로 있고 적지 않은 질량을 지니고 있다는 사실은 알려졌지만, 대체 암흑물질의 구성

성분이 무엇인지는 아직 밝혀지지 않았다. 그러나 암흑물질이 발견된다면 과학계에 신기원을 열어줄 것으로 기대된다. 왜냐하면 기존에 밝혀내지 못했던 입자들 간의 상호작용과 관계를 밝히는 단서를 제공할 것이기 때문이다. 이를 통해 거대한 우주가 어떻게 시작됐는지, 왜 생겨났는지 등 비밀이 담겨 있는 우주의 커다란 퍼즐을 풀 수 있게 될 것이다.

3. 양자 우주

🎋 초기 우주

1929년에 허블(Hubble)은 외부 은하들을 관측하던 중 이들이 우리에게서 멀어지고 있고, 멀리 있는 은하일수록 더 빠르게 멀어지고 있다는 사실을 발견하였다. 이는 시간을 거꾸로 돌리다 보면 어제는 더 가까이 있었고 과거 어느 순간에는 모든 은하가 한 점에 있었음을 의미한다. 우주가 한 점의 팽창으로부터 시작되었다는 빅뱅 이론은 이렇게 시작되었고, 현재는 우리 우주의 기원을 가장 잘 설명하는 이론으로 받아들여지고 있다.

그러나 빅뱅 이론은 우주가 탄생한 이후에 어떻게 변해왔는지를 설명하는 이론이어서 무엇이 폭발했는지, 왜 폭발했는지 그리고 폭발하기 전에는 무슨 일이 일어났는지에 관해서는 설명하지 못한다. 또한, 빅뱅 순간부터 초 사이의 극히 짧은 시간도 설명하지 못하는데 이 시기를 플랑크 시대라고 부른다.

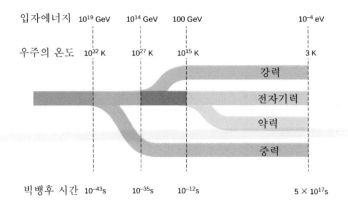

<table>
</table>

입자에너지	10^{19} GeV	10^{14} GeV	100 GeV		10^{-4} eV
우주의 온도	10^{32} K	10^{27} K	10^{15} K		3 K

강력
전자기력
약력
중력

빅뱅후 시간	10^{-43}s	10^{-35}s	10^{-12}s		5×10^{17}s

 우주가 탄생한 그 순간, 우주에는 에너지밖에 없었으나 시간이 지나면서 입자가 만들어지기 시작하였다. 그렇게 제일 먼저 만들어진 가장 간단한 입자가 쿼크이다. 쿼크는 여섯 개가 존재하는데, 이 중에서 우리가 주변에서 흔히 보는 보통의 물질을 이루는 쿼크는 u쿼크와 d쿼크다. 이들이 서로 결합하여 조금 더 복잡하고 새로운 입자인 중성자와 양성자가 만들어졌다. 그러나 초기 우주는 온도가 아주 높아서 에너지로부터 양성자와 중성자가 끊임없이 만들어지고 또 양성자와 중성자가 에너지로 돌아가기도 하였다.

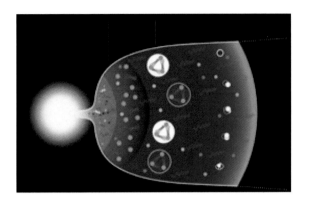

　우주가 팽창하면서 양성자와 중성자는 에너지로 돌아갈 수는 없지만, 양성자는 중성자로, 중성자는 양성자로 서로 끊임없이 변화하며 두 입자의 개수 역시 비슷하게 유지되었다. 그러나 우주가 더 팽창하면서 더 이상 양성자는 중성자로 변화할 수 있는 에너지를 제공받지 못하게 되었다. 따라서 두 입자 사이의 평형상태는 깨져서 일정한 비율로 수렴하게 되는데, 그 비율이 약 7:1 정도가 되었다. 시간이 지나서 우주가 팽창하고 식는 과정에서 물리적 환경이 바뀌면서 중성자와 양성자가 결합하여 수소와 헬륨 원자핵을 만들었다. 이 모든 사건이 우주가 탄생하고 1초도 되기 전에 일어났다.

🖊 우주배경복사

그 후 38만 년 동안 우주는 양성자와 중성자, 전자가 뒤섞인 상태로 조용히 식어 갔다. 우주의 온도가 3,000K가 되자 전자가 원자핵들과 결합하여 수소 원자와 헬륨 원자를 만들었다. 전자가 원자핵과 결합해 전기적으로 중성인 원자를 만들자 빛이 이동하는 데 제약을 주었던 전기적인 성질을 띠는 입자들과의 충돌이 사라졌다.

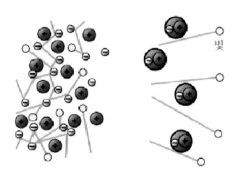

이 결과, 빛은 물질과 더 이상 부딪치지 않고 자유롭게 우주 공간으로 퍼져나갔으며, 본래의 성질을 거의 그대로 간직한 채 아직도 우주를 떠돌아다니며 식어가고 있다. 우주 전체에 균일하게 퍼져 있는 이 빛을 우주배경복사라고 한다.

우주배경복사는 방향과 상관없을 것으로 생각되나 물질이 완벽하게 균일한 분포를 보인다면 어떤 지점에서나 작용하는 중력이 상쇄되어 물질 응축은 일어날 수 없다. 따라서 과학자들은 현재 우주 내에서 관측되는 은하와 은하단 등을 중력으로 설명하려면 초기 우주 내 물질 밀도가 방향에 따라서 미세한 차이가 있어야 한다고 생각하게 되었다. 초기 우주 내 물질 밀도를 연구하던 월프(Wolfe) 등은 1967년에 일반 상대론에 기초하여 빛이 물질 밀도가 균일하지 않은 곳을 지날 때는 발생하는 빛의 에너지, 즉 온도가 균일하지 않다고 주장하였다.

이를 실험으로 확인하기 위해 1980년대 후반에 소형 로켓을 발사해 대기권 밖에서 마이크로파로 이루어진 우주배경복사를 측정하려는 시도도 있었지만, 지구 대기권 분자에 흡수되어 큰 성과를 거두지는 못하였다. 이후 스무트(Smoot) 등은 1970년대에 우주배경복사를 검증할 목적으로 우주의 마이크로파 관측용 인공위성 프로젝트를 제안하였다. 이 제안을 통해 1989년에 코비 위성을 쏘아 올리게 되었다. 마이크로파 관측 책임자였던 매더(Mather)는 마이크로파 관측 자료를 바탕으로 우주배경복사의 세기를 여러 파장(1~20㎝)에서 측정하였다. 그 결과 우주배경복사의 미세한 온도 변화를 발견하였다.

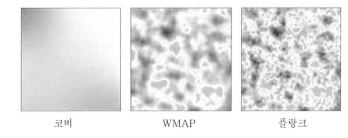

코비   WMAP   플랑크

나사(NASA)는 코비의 뒤를 이어 2001년에 WMAP 위성을 발사하였다. WMAP은 우주배경복사가 지역에 따라 온도가 10만 분의 1 정도 차이가 있음을 식별하였다. 그 후 발사된 플랑크 위성은 2009년부터 2013년까지 4년 동안 우주 초기 빛의 흔적인 우주배경복사(CMB)를 정밀하게 관측한 우주배경복사 온도 분포를 관측하였다. 이를 통하여 현재 우주의 구조가 어떠한지, 그리고 그런 우주 구조가 어떻게 진화해 왔는지를 엿보게 하는 중요한 관측 자료를 제공하였다.

𝄞 중력파

 빅뱅을 연구하는 과학자들은 우주가 탄생한 이후 어떻게 변해 왔는지를 설명하기 위해서 많은 연구를 하고 있다. 그러나 우리가 볼 수 있는 우주의 한계는 아무리 길어야 빛이 생긴 이후이다. 즉, 현재 관측 기술로 볼 수 있는 우주는 빛 생성 이후의 크기이다. 그러나 아인슈타인은 1916년에 빅뱅과 같은 큰 팽창 현상이 있다고 하면 연못에 돌을 던졌을 때 일어나는 파문과 같이, 중력에 의한 일그러짐이 공간을 통해 빛의 속도로 퍼져 나간다는 중력파를 예측하는 논문을 발표하였다.

 따라서 과학자들은 중력파를 빅뱅 등 빛이 생기기 이전의 연구에 필요한 도구로 인식하게 되었다. 또한, 중력파는 인접 항성을 흡수해서 X-선이나 감마선 등을 내지 않는 블랙홀이나 블랙홀 쌍성 등 전자기파가 미치지 않는 미지의 천체들을 탐색할 수 있게 하는 도구로 생각하고 있었다.

그러나 정작 중력파를 직접 관측하려는 실험은 1960년대에 중력파에 의해서 길이가 미세하게 변화될 것이라는 생각을 한 웨버(Weber)에 의해서 시작되었다. 웨버는 중력파에 의한 길이 변화를 측정하고자 막대 모양의 중력파 검출기의 제작에 관한 논문을 발표하였다(Phys. Rev. Lett., 1967). 이후 웨버는 중력파 검출기를 제작하여 중력파를 발견했다는 보고(Phys. Rev. Lett., 1968)를 했고 많은 갈채를 받았으나 1970년대 말에 이르러 웨버의 주장은 잘못된 것으로 판명됐다. 그러나 과학자들은 웨버의 실험을 통해서 검출 기술을 개발하고 발전시킴으로써 중력파를 검출할 수 있을 것이라는 믿음을 가지게 되었다.

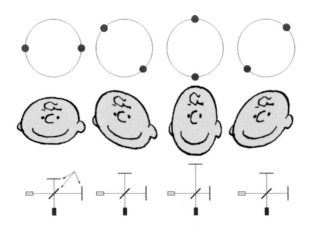

중력파는 매우 약하기 때문에 관측하기 위해서는 규모가 큰 천체 간의 상대적 변화가 필요하다. 따라서 중력파 검출을 위해서 실제 중력파가 발생하는 천체를 찾으려는 노력이 시작되었다.

1974년에 테일러(Taylor) 등은 두 개의 중성자별이 서로 공전하는 천체(쌍성)를 처음으로 발견하였다(노벨상, 1993). 이후 테일러 등은 후속 관측을 통해 이 쌍성의 공전 주기가 감소하고 있으며, 그 감소율이 상대성이론의 예측과 매우 잘 일치한다는 것을 확인하였다. 중성자별 쌍성의 존재와 공전주기 감소율 관측 결과로 중력파의 존재는 간접적으로 증명이 되었다고 할 수 있다.

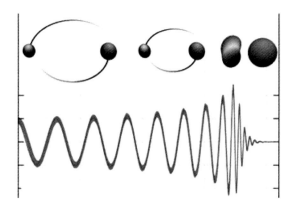

여기에 그치지 않고 중력파를 직접 검출하기 위한 연구가 진행되었다. 웨버와 그의 학생이었던 포워드(Forward)는 빛의 간섭을 이용한 중력파 검출기를 만들었다. 그러나 본격적으로 중력파의 검출이 가능하도록 만들어진 레이저 간섭계는 바이스(Weiss)와 드레버(Drever)에 의해서였다.

바이스는 중력파를 검출하기 위해서 중력파 검출을 방해할 수 있는 배경 잡음의 원인을 분석하고 이러한 잡음을 극복할 수 있는 수 킬로미터 정도의 크기를 가지는 레이저 간섭계의 실험적 밑그림을 그렸다. 또한, 킵손(KipThorne)은 중성자별 쌍성과 블랙홀 쌍성 등에서 방출되는 중력파의 특성을 예측하고 이를 검출하기 위한 검출기의 민감도 제시 등의 이론적 조언을 하였다. 이들은 중력파 검출을 위하여 1970년대 중반에 LIGO(레이저 간섭계 중력파 관측소) 설치를 주도하였다.

레이저 간섭계를 이용하여 중력파 검출기 연구를 하던 이들의 노력을 통하여 만들어진 LIGO는 4킬로미터 길이의 진공 터널을 직각으로 붙이고 끝에 거울을 붙인 형태로 미국의 핸퍼드와 리빙스턴에 설치되었다. LIGO의 원리는 진공 터널에 레이저를 쏘면 레이저가 거울에 반사되며 터널을 왕복하는데, 중력파가 지나가면 레이저가 미세하게 흔들이고 이 흔들림을 측정하면 중력파가 어디서 발생했는지 확인할 수 있는 원리이다.

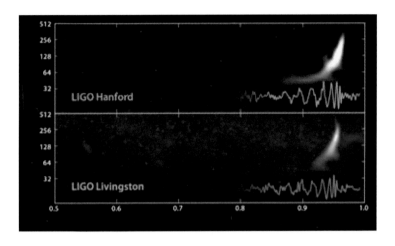

　2015년에 LIGO 연구팀은 지구로부터 약 13억 광년 떨어진 두 개의 블랙홀로 이루어진 쌍성이 점차 가까워져 충돌할 때까지 약 0.15초 동안 나온 중력파를 측정하였다(노벨상, 2017). 이 쌍성이 만든 중력파는 약 13억 년 전에 만들어진 것으로 지구에는 아주 원시적인 생명체만이 존재했을 때 발생한 것이다.

4. 양자의 경계

큰 에너지를 가진 입자가 우주에서 지구로 날아오는 도중 지구 대기와 충돌할 때 만들어지는 입자를 연구하던 겔만(Gell-Mann) 은 1964년의 논문에서 쿼크라는 새로운 개념을 내놓았다(노벨상, 1969). 겔만의 논문은 물질의 구조를 파악할 수 있는 계기를 마련 하였는데 쿼크는 지금까지 규명된 물질의 구성단위 중에서 가장 작은 입자다.

원자핵을 구성하는 양성자나 중성자 등 우리가 알고 있던 입 자들은 보편적으로 3개의 쿼크로 이루어져 있다. 그러나 양성자 와 중성자 사이에서 작용하는 힘을 매개하는 입자인 중간자 (meson)는 2개의 쿼크로 이루어져 있다.

최근 과학자들을 양성자나 중성자의 가속기를 이용한 충돌 실험을 통하여 글루온과 쿼크에 대한 이론적 깊이를 더하게 되었다. 양성자와 중성자에는 세 개의 드러난 쿼크(valence quark)만 있는 것이 아니라 수많은 가상의 쿼크-반쿼크 쌍과 글루온이 있다는 것을 알게 되었다. 즉, 양성자와 중성자는 강력에 의해서 쿼크의 생성과 소멸이 끊임없이 일어나고 있는, 쿼크 바다와 비슷하다는 것을 알게 되었다.

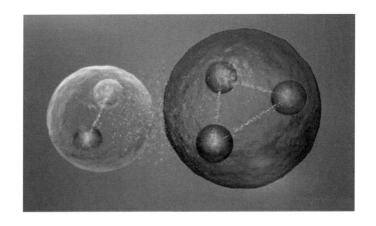

예를 들면, 지(Ji) 등은 메손인 파이온 충돌 실험을 통하여 가상의 쿼크-반쿼크 쌍과 글루온의 에너지가 46%이고 드러난 쿼크의 에너지가 54%라는 것을 발견하였다(Phys. Rev. Lett, 2018). 이는 기존에 과학적으로 적용되던 글루온의 에너지보다 3배나 큰 값이었다.

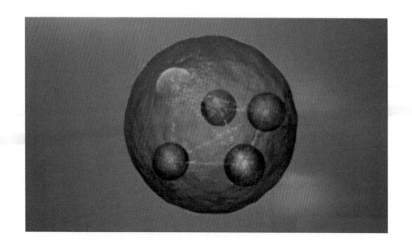

    또한, 쿼크 개념이 생겨났을 때부터 다섯 개의 쿼크(펜타쿼크)를 가진 입자의 존재가 예견되었으나, 오랜 시간 동안 실험적으로 발견되지 않았다. 2003년에 나가노(Nakano) 등이 펜타쿼크를 발견했다고 했으나 오차가 너무 컸기 때문에 실험의 신뢰도가 낮았다. 또한, 다른 가속기 실험에서도 신뢰도 높은 실험 결과를 획득하지 못하였다. 이 때문에 펜타쿼크의 존재는 결국 검증되지 않은 몇몇 입자들처럼 관심 밖으로 밀려나는 듯했다. 그러나 CERN은 가속기 충돌 실험 데이터를 분석하는 과정에서 아주 짧은 시간 동안 펜타쿼크 상태를 가진다는 것을 관측하였다(2015). 펜타쿼크는 빅뱅 후에 쿼크들이 어떻게 결합해서 물질을 형성하게 됐는지 규명하는 데 도움이 될 수 있을 것으로 보인다.

✎ 기본 힘

우리 주위에서 볼 수 있는 물질들은 원자로 이루어져 있다. 원자 안에는 전자와 원자핵이 있고 핵 안에는 양성자와 중성자가 있으며, 이들은 다시 쿼크로 구성되어 있다. 그리고 이들은 중력, 전자기력, 약력, 강력이라는 네 가지 힘을 받는다.

중력은 거시 세계에서 질량을 가진 물체 사이에 작용하는 힘으로 뉴턴은 사과가 떨어지는 것을 보고 중력의 법칙을 세웠다. 중력은 어떤 면에서는 가장 큰 힘인데, 전자나 양성자로 구성된 미시 세계에서는 매우 작은 탓에 거의 작용하지 못한다. 이에 반해서 전자기력은 원자 내부의 세계, 즉 미시 세계에서도 작용하는데 예를 들면 물질의 기본 구성단위인 원자 내부에서 전자와 양성자를 묶어 원자를 이루게 한다. 이러한 차이에도 불구하고 중력과 전기력은 입자 사이의 거리의 제곱에 반비례하고 질량을 가진 입자나 전하를 띠고 있는 입자들 사이를 각각의 매개 입자인 중력자나 광자가 오가면서 힘이 나타난다는 공통점을 가지고 있다. 그러나 중력자는 아직 발견되지 않았지만, 이론에 의해 예측되고 있으며 언젠가는 발견될 것으로 과학자들은 믿고 있다.

핵 속에는 원자핵 크기 이내의 아주 짧은 거리에서만 작용하는 두 종류의 힘인 약력과 강력이 동시에 작용하고 있다. 하나는 베타붕괴와 관련된 약력인데 베타붕괴는 원자가 방사성 붕괴를 할 때 중성자(n)가 전자를 방출하면서 양성자(p)가 되는 현상이다.

베타붕괴를 기본 입자 수준에서 생각하면 아래 쿼크(d)가 W-입자를 방출하며 위 쿼크(u)로 바뀌는 과정으로 이해할 수 있다. 방출된 W-입자는 곧 붕괴하여 전자와 반중성미자가 된다.

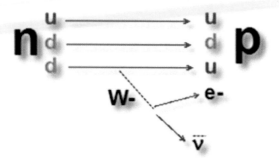

다른 하나는 양성자들 사이의 강력한 반발력에도 불구하고 이들을 핵 속에 붙들고 있는 강력이다. 강력의 매개 입자인 글루온은 쿼크와 쿼크를 묶거나 원자핵에서 양성자와 중성자를 묶는 데 간접적으로 관여한다.

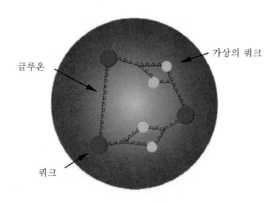

과학자들은 이러한 네 가지 힘들이 하나의 힘이었다가 우주가 팽창하면서 중력이 분리되고 난 다음에 원자핵을 뭉쳐 있게 하는 강력이 분리되고 마지막으로 전자기력과 약력이 분리되었다고 생각하고 있다. 하나의 힘이 네 개로 갈라졌다고 생각하면, 네 가지 힘들을 하나의 힘으로 설명할 수 있다고 생각하는데 이러한 개념이 통일장 이론이다.

 힘을 하나로 설명하려고 하는 시도는 뉴턴의 시대부터 있었다. 뉴턴은 떨어지는 사과에 작용하는 힘의 법칙이 태양계를 비롯한 천체에 작용하는 힘의 법칙과 같음을 이해하고 중력의 법칙을 만유인력의 법칙이라고 하였다. 또한, 전혀 다른 현상인 줄로만 알았던 전기력과 자기력이 서로 상관이 있음이 밝혀져 맥스웰은 이를 전자기력에 관한 식으로 표현하였다. 이런 시도는 자연계에 존재하는 기본적인 네 가지 힘을 하나의 이론으로 표현하고자 하는 노력으로 발전하였다. 글래쇼(Glashow) 등은 실험을 통해서 전자기력과 약력을 하나로 설명하였고(노벨상, 1979) 이후로도 강력과 약력을 하나로 설명하려는 시도가 이어지고 있다.

♪ 양자 중력

양자역학은 원자, 전자와 같이 아주 작은 크기를 갖는 미시 세계를 연구하는 분야다. 이에 반해서 중력은 2개의 물체 사이에 작용하는 힘으로, 규모가 큰 물체나 에너지가 높은 세계를 연구하는 분야이다. 또한, 원자나 분자의 미시 세계에서는 중력은 다른 힘에 비해 거의 무시할 만큼 작다.

그러나 1915년에 아인슈타인은 일반 상대성이론에서 상대적으로 규모가 큰 천체의 중력은 빛의 경로에 영향을 미친다는 이론을 발표하였다. 즉, 규모가 큰 천체에서 중력은 광자로 이루어진 빛과 같은 미시 세계에도 영향을 미친다는 것으로, 규모가 큰 천체가 작은 양자 크기로 줄어든 블랙홀 등의 연구에서는 중력과 양자역학을 무시할 수 없게 된다. 따라서 중력과 양자역학을 동시에 적용하려 할 때 개념적인 어려움은 불확정성이다.

양자역학이 다루는 미시 세계에서 우리가 일상적으로 살아가는 거시 세계와는 전혀 다른 현상 중의 하나가 불확정성의 원리이다. 불확정성의 원리란 특정한 한 쌍의 물리량에 대해 이 둘을 동시에 정확하게 측정한다는 것이 불가능하다는 것이다. 대표적인 예가 위치와 속도다. 계기판에서 바늘의 위치를 정확히 보려고 할수록 바늘의 운동에 대해서는 점점 더 알 수 없게 되고, 반대로 바늘의 운동을 정확히 알면 알수록 바늘의 위치에 대해서는 점점 더 알 수 없게 된다.

따라서 시간과 공간에 불확실성이 없는 일반 상대성이론을 불확실성이 지배하는 양자역학적으로 된 세상에 적용하기 위해서는 새로운 시공간의 개념이 필요하게 되었다. 이러한 문제점에 대해서 과학자들이 고민하기 시작하였고 중력을 양자역학으로 설명하려는 양자 중력의 시도가 나타나기 시작하였다.

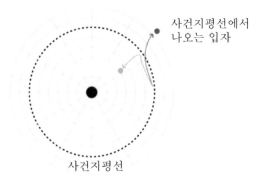

사건지평선에서
나오는 입자

사건지평선

1974년에 호킹(Hawking)은 양자역학을 블랙홀에 적용해 보았더니 모든 것을 빨아들인다고 생각했던 블랙홀이 더 이상 빨아들이기만 하는 것이 아니고, 물체를 내놓기도 한다는 매우 놀라운 사실을 발견하게 되었다. 즉, 블랙홀을 둘러싸고 있는 사건 지평선이라는 선을 넘은 물체는 되돌아 나올 수 없다는 것이 이전의 생각이었는데, 사건 지평선이 일정 온도를 가진 물체처럼 여러 가지 물체를 방출할 수 있다는 것이다. 호킹의 계산은 양자역학과 중력을 섞는 과정에서 흥미로운 사실이 나타나는 것을 잘 보여 주는 예이다.

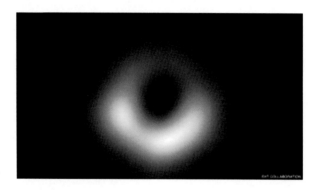

유럽남방천문대(ESO)는 2019년 4월 10일, 사건의 지평선 망원경(EHT) 프로젝트의 첫 관측 결과인 블랙홀의 사진을 발표하였다. 이는 빛이 강한 중력에 의해 휘어진 모습으로 아인슈타인의 중력이 빛의 경로에 영향을 미친다는 일반 상대성이론을 실제로 확인한 첫 이미지였다.

5. 양자 통신

✎ 양자 컴퓨터

양자 역학의 원리가 컴퓨터 연산에 이용될 수 있다는 개념을 처음으로 제시한 사람은 파인먼이다. 그는 1983년에 양자 컴퓨터란 용어나 구체적인 연산 방법을 제시하지는 않았지만, 양자 시스템이 복잡한 물리적인 현상을 시뮬레이션하는 데 더 효율적일 수 있다는 것을 제안하였다. 뒤이어 1985년에는 도이치(Deutsch)가 처음으로 양자역학 현상을 이용한 데이터 처리가 이론으로 가능하다는 것을 증명하는 논문을 발표하였다. 이들의 노력에 의해 양자 컴퓨터 연구가 큰 주목을 받게 되었다. 10년 후인 1994년에는 쇼어(Shor)가 구체적인 양자 알고리즘을 제시하면서 컴퓨터 과학자들이 양자역학에 관심을 갖기 시작하였다. 하지만 이는 어디까지나 개념일 뿐, 실제 양자 컴퓨터 연구는 한동안 이론적 가능성의 확립과 시제품의 실험 제작을 모색하는 수준에 머물렀다.

실제 양자 컴퓨터가 처음 하드웨어로 등장한 것은 나카무라(Nakamura)가 양자 중첩 상태를 동시에 취하고 있다가 전압을 거는 시간에 따라서 0이나 1 중 하나의 상태가 되는 기본 소자를 최초로 만들면서부터이다(Nature, 1999).

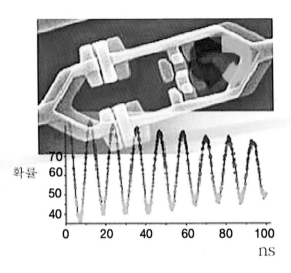

확률

즉, 양자가 존재할 확률이 두 곳이 있다고 할 때, 어느 한 곳에서 없다는 것을 알게 되면 다른 한 곳에 존재하고 있음이 명확해지는 것이다. 이를 이용해 정보를 표현하는 것이 양자 컴퓨터의 기본 원리이고 이때 정보의 단위를 '큐비트(qubit)'라고 한다.

큐비트는 아주 연약하기 때문에 약간의 온도 변화, 소음, 파동 그리고 움직임만으로도 에너지가 새어 나가 계산에 실패하는 상태인 결 잃음 상태가 될 수 있다. 이러한 이유에 의해서 2000년대에 들어와서도 양자 컴퓨터 성능은 일반 컴퓨터 성능에 훨씬 못 미쳐서 양자 컴퓨터 연구는 한동안 정체되었다. 그러나 2011년에 디웨이브(D-WAVE) 사의 첫 상용 양자 컴퓨터인 디웨이브에 의해 양자 컴퓨터 연구가 활성화되었다. 이후 양자 컴퓨터는 정보 처리 방법인 큐비트를 현실화시키기 위해 여러 유형으로 개발되고 있다.

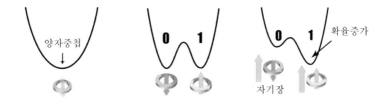

양자중첩

0 1

0 1 확률증가

자기장

　양자 컴퓨터는 크게 활용도가 다양한 디지털 방식(a)과 활용도
가 낮아 특수 목적용으로 사용되는 아날로그 방식(b)으로 분류
한다. 디지털 방식은 양자 중첩에 기반한 IBM의 양자 컴퓨터가
있고 아날로그 방식은 최저점 또는 최고점을 찾는 이른바 '최적
화'라는 수학적 문제를 푸는 데 쓰인 방법을 사용한 양자 어닐링
(quantum annealing)의 관측에 기반한 디웨이브 사의 양자 컴퓨
터가 있다. IBM과 디웨이브 사이에는 양자 컴퓨터에 대한 각자
의 접근법에 관해서 약간의 논쟁이 있기도 했지만, 현재는 양자
컴퓨터의 상용화 시기를 앞당긴다는 공동의 목표를 향해서 나아
가는 중이다.

🖋 큐비트

기존 컴퓨터는 가장 작은 연산 단위로 비트(bit)를 사용한다. 비트는 0 아니면 1이기 때문에 비트 하나당 정보 하나만 처리할 수 있다. 즉, 2비트는 00, 01, 10, 11 중에서 한 번에 한 가지 정보만 처리할 수 있다.

그러나 양자 역학에서 발생하는 중첩 현상 때문에 양자 컴퓨터는 정보가 동시에 존재하는 상태에서 처리할 수 있다. 즉, 2큐비트는 00, 01, 10, 11의 4가지 정보가 동시에 존재하는 상태에서 처리하는 병렬 처리 형태이다. 따라서 양자 컴퓨터의 정보 처리 능력은 큐비트 개수당 2의 n제곱으로 큐비트가 늘어날수록 기하급수로 향상된다.

　2019년에 IBM은 상용화를 목적으로 한 20큐비트 양자 컴퓨팅 시스템인 'IBM Q'를 선보였는데 이는 최초의 범용 양자 컴퓨터다. 전문가들은 양자 컴퓨터 성능이 49~50큐비트까지 되면 기존 디지털 컴퓨터의 성능을 뛰어넘을 것으로 보고 있는데 50큐비트는 2의 50제곱인 1,125조 8,999억 가지 정보를 동시에 나타낼 수 있다.

양자 암호

암호의 어원은 그리스어로 '비밀'이란 뜻을 가진 '크립토스(Kryptos)'로 알려져 있다. 암호란 중요한 정보를 다른 사람들이 보지 못하도록 하는 방법을 취급하는 기술이나 과학을 말한다.

현재 암호 방식으로 가장 많이 사용되는 공개 키 방식은 전송자가 정보를 암호화하는 데 사용하는 공개 키와 수신자가 암호를 해독하는 데 사용하는 비밀 키로 구성된다. 초기 암호들은 두 개의 큰 소수를 곱한 숫자를 문제로 사용하였는데, 임의의 큰 소수를 두 개 골라서 비밀 키로 삼고 그것을 곱한 값을 공개 키로 사용하였다.

소인수 분해의 난해함 때문에 공개 키만으로는 비밀 키를 쉽게 짐작할 수 없도록 만들어졌다. 하지만 컴퓨터의 성능이 획기적으로 발달하게 되면 소인수 분해 성능도 발달하게 되고 그렇게 되면 이 암호화는 무용지물이 될지도 모른다.

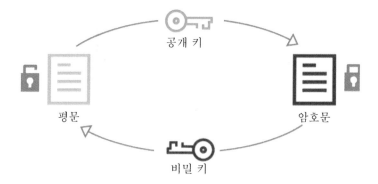

공개 키

평문   암호문

비밀 키

이에 반해서 양자 암호는 키 분배 방식으로 비밀 키 방식을 사용한다. 두 사용자가 같은 비밀 키를 가지는 방식이다. 비밀 키를 만들기 위해서 통신하는 과정이 양자 상태에서 이루어진다. 기존 통신에서 정보 전송을 위해 디지털 비트인 0과 1을 사용하는 것과는 달리 양자 비트를 사용한다. 양자 비트는 디지털 비트와 달리 하나의 비트에 중첩이 가능하다. 즉, 0과 1을 동시에 가질 수 있다는 것이다.

양자 암호 프로토콜은 비밀 키를 만들기 위해 송신자와 수신자 사이에 일회용 암호를 주고받는 방법이다. 이 프로토콜은 1984년에 베넷(Bennett)과 브라사드(Brassard)가 제안하였는데 프로토콜의 과정은 다음과 같다.

① 송신자는 임의의 비트를 선택 필터로 전송.

② 수신자는 임의로 필터를 선택한 다음 필터로 값을 측정.

③ 송신자와 수신자는 퍼블릭 채널로 동일한 필터 사용 여부를 확인.

④ 다른 필터를 사용한 비트는 제외하고 동일한 필터를 사용한 비트만 저장.

⑤ 송신자와 수신자가 저장한 데이터는 같은 값을 공유하며 비밀 키로 사용.

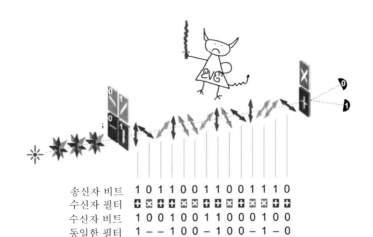

송신자 비트	1 0 1 1 0 0 1 1 1 0 0 1 1 1 0
수신자 필터	✚ ✖ ✚ ✖ ✖ ✖ ✚ ✚ ✖ ✖ ✖ ✖ ✚ ✚
수신자 비트	1 0 0 1 0 0 1 1 0 0 0 1 0 0
동일한 필터	1 - - 1 0 0 - 1 0 0 - 1 - 0

즉, 양자 암호 프로토콜은 광자의 편광을 이용하는 것으로 0과 1을 나타내는 편광을 각각 두 가지를 정의한 다음 십자 편광 필터와 대각 편광 필터를 이용해서 광자를 측정한다. 이 프로토콜을 이용하여 송신자와 수신자는 임의의 난수를 이용한 일회용 암호를 만들어서 사용할 수 있다.

스위스는 지난 2007년 이후 양자 암호 기술을 활용해 선거를 안전하게 온라인으로 운영하고 있다. 또한, SK텔레콤은 2019년 전국 데이터 핵심 전송 구간인 서울-대전 구간에 양자 암호 기술을 연동해 5G와 LTE 데이터 송수신 보안을 강화하고 있다. 그러나 양자 암호는 시끄럽고 방해 요소가 많은 환경에서의 에러 비율과 양자 암호에 요구되는 단일 광자 생성의 기술적 어려움 때문에 일반적으로 도입되며 주류가 되기까지는 아직 시간이 좀 걸릴 것이다.

참고 사이트

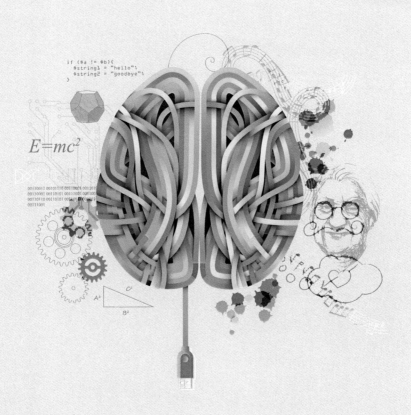

www. ↵

Ⅰ. 아름다운 뇌

- https://www.macmillanhighered.com/BrainHoney/Resource/6716/digital_first_content/trunk/test/morris2e/asset/img_ch5/morris2e_ch05_fig_05_01.jpg
- https://www.pinterest.ch/pin/574560864944836230
- https://www.thoughtco.com/interesting-dna-facts-608188
- https://www.eurekalert.org/pub_releases/2014-08/uov-qpe082814.php
- https://mitmuseum.mit.edu/program/neuron-paint-night
- https://www.getscience.com/biology-explained/6-views-neuron-golgi-and-cajal
- https://blausen.com/en/video/chemical-synapse-cholinergic-synapse/
- https://toxtutor.nlm.nih.gov/14-004.html
- https://br.depositphotos.com/103276176/stock-illustration-neuron-types-nerve-cells.html
- https://twitter.com/hashtag/rosehipneuron
- http://vanat.cvm.umn.edu/brain18/cartoons.html
- https://www.quantamagazine.org/why-the-first-drawings-of-neurons-were-defaced-20170928/
- https://toxtutor.nlm.nih.gov/14-004.html
- https://www.whatisbiotechnology.org/index.php/science/summary/microbiome/the-human-microbiome-refers-to-the-complete-set-of-genes
- https://www.thepartnershipineducation.com/resources/nervous-system

- https://www.nature.com/articles/d41586-018-05113-0?WT.ec_id=NATURE-20180531&utm_source=nature_etoc&utm_medium=email&utm_campaign=20180531&spMailingID=56724159&spUserID=ODA0OTQ5NTk3MDQS1&spJobID=1405049448&spReportId=MTQwNTA0OTQ0OAS2

- http://www.m1imagingcenter.com/introducing-neuroquant/alzheimers-disease-neurons-and-brain/

- https://upload.wikimedia.org/wikipedia/commons/8/83/Diagram_showing_the_brain_stem_which_includes_the_medulla_oblongata%2C_the_pons_and_the_midbrain_%282%29_CRUK_294.svg

- https://www.rsb.org.uk/images/biologist/Features/Grid_mouse_diagram_large.jpg

- https://phys.org/news/2018-01-social-cells-brain.html

- https://www.frontiersin.org/articles/10.3389/fnhum.2018.00361/full

- http://www.riken.jp/en/pr/press/2018/20180112_1/

- http://www.bbc.com/earth/story/20160526-the-organisms-that-glow-brighter-than-any-other

- https://medium.com/@mfadle/green-fluorescent-protein-gfp-revolutionizing-science-and-beyond-1359a2b61222

- https://www.quantumdiaries.org/2011/10/02/grab-your-computer-grab-your-headphones-and-pop-the-popcorn/

- https://www.semanticscholar.org/paper/Probing-the-synaptic-target-of-a-new-putative-drug%3A-Domingos/d77ba9b84d3bcf7582f8584a091fdcc-

023c5e511/figure/21

- http://news.mit.edu/2017/neuroscientists-discover-brain-circuit-retrieving-memories-0817
- https://medicalxpress.com/news/2019-01-drug-boost-long-term-memory.html
- https://www.rdmag.com/news/2018/06/mit-scientists-discover-fundamental-rule-brain-plasticity
- https://www.ibric.org/myboard/read.php?Board=news&id=293628
- https://www.eurekalert.org/multimedia/pub/169951.php
- https://neuroscientificallychallenged.com/blog/2014/5/23/know-your-brain-hippocahttps://www.newscientist.com/article/2080272-newborn-neurons-observed-in-a-live-brain-for-first-time/mpus
- https://medicalxpress.com/news/2018-03-birth-neurons-human-hippocampus-childhood.html
- https://www.myshepherdconnection.org/disorders-consciousness/Intro-disorders-of-consciousness/brain-anatomy
- http://newsfreak.website/frankenswine-scientists-bring-some-functions-in-a-pigs-brain-back-to-life/
- https://news.yale.edu/2019/04/17/scientists-restore-some-functions-pigs-brain-hours-after-death
- https://www.enotes.com/homework-help/what-some-similarities-between-ribosome-606075
- http://jcb.rupress.org/content/200/4/373

II. 살아 있는 DNA

- https://www.nobelprize.org/prizes/chemistry/1993/mullis/biographical/
- https://www.nature.com/scitable/nated/article?action=showContentInPop up&contentPK=397
- http://bio1510.biology.gatech.edu/module-4-genes-and-genomes/4-1-cell-division-mitosis-and-meiosis/
- https://slideplayer.com/slide/14648469/
- https://www.inverse.com/article/57434-telomere-shortening-is-shared-among-animals
- https://commons.wikimedia.org/wiki/File:Telemerase.JPG
- https://news.berkeley.edu/2018/04/25/long-sought-structure-of-telomer-ase-paves-way-for-drugs-for-aging-cancer/
- https://bioinformant.com/what-are-stem-cells/
- https://en.wikipedia.org/wiki/Palindrome
- https://www.brounslab.org/research/
- https://www.mobitec.com/cms/products/bio/02_genomics/crispr-cas-rnp-delivery.html
- https://www.researchgate.net/figure/A-comparison-of-CRISPR-Cas9-ver-sus-CRISPR-Cpf1-modes-of-action-Note-that-for-Cas9-crRNA_fig1_332780523
- https://brainly.in/question/4928343
- http://global.chinadaily.com.cn/a/201808/03/WS5b6352baa3100d951b8c

8505.html

- https://scopeblog.stanford.edu/2012/05/21/rewritable-digital-storage-in-dna-2/

- https://www.nytimes.com/2017/07/12/science/film-clip-stored-in-dna.html

- https://www.ii.pwr.edu.pl/~kwasnicka/tekstystudenckie/dna_obliczenia.pdf

- https://www.nature.com/scitable/blog/bio2.0/dna_origami

- https://science.sciencemag.org/content/359/6373/296/tab-figures-data

- https://www.nzherald.co.nz/lifestyle/news/article.cfm?c_id=6&objectid=11590249

- https://medikoe.com/article/a-mutational-timer-is-built-into-the-chemistry-of-dna-5107

- https://www.mdpi.com/2079-6374/8/4/100/htm

III. 경계의 양자

- http://mentalfloss.com/article/67003/behold-map-theories-everything
- https://www.vice.com/en_us/article/9akjkp/wave-particle-duality-when-quantum-behavior-bleeds-into-our-classical-world-2
- https://www.sciencedirect.com/topics/physics-and-astronomy/black-body-radiation
- https://news.yale.edu/2019/06/03/physicists-can-predict-jumps-schrodingers-cat-and-finally-save-it
- https://www.sciencemag.org/news/2015/08/more-evidence-support-quantum-theory-s-spooky-action-distance
- https://phys.org/news/2018-05-quantum-entanglement-physically-ultracold-atomic.html
- https://pages.uoregon.edu/jimbrau/astr123/Notes/Chapter27.html
- http://antimattermatters.s3-website-eu-west-1.amazonaws.com/alpha.html
- https://arxiv.org/pdf/1710.10630.pdf
- https://www.forbes.com/sites/startswithabang/2019/02/22/the-wimp-miracle-is-dead-as-dark-matter-experiments-come-up-empty-again/#ac925616dbc6
- https://phys.libretexts.org/Bookshelves/University_Physics/Book:_University_Physics_(OpenStax)/Map:_University_Physics_III_-_Optics_and_Modern_Physics_(OpenStax)/11:_Particle_Physics_and_Cosmology/11.7:_Evo-

lution_of_the_Early_Universe

- https://twitter.com/qm2018/status/973533947194937344

- https://www.tmonas.com/science/cmbr

- https://ko.m.wikipedia.org/wiki/%ED%8C%8C%EC%9D%BC:PIA16874-CobeWmapPlanckComparison-20130321.jpg

- https://www.quantamagazine.org/ligos-rainer-weiss-kip-thorne-and-barry-barish-win-physics-nobel-20171003/

- https://galileospendulum.org/tag/gravitational-waves/page/2/

- http://w3.lnf.infn.it/hairy-black-holes/?lang=en

- http://www.fnal.gov/pub/today/archive/archive_2009/today09-11-12.html

- https://home.cern/news/news/physics/lhcb-experiment-discovers-new-pentaquark

- https://docs.dwavesys.com/docs/latest/c_gs_2.html

- https://www.research.ibm.com/ibm-q/